Analyse, Modellierung und Simulation des dynamischen Verhaltens bei der doppelspindligen Fräsbearbeitung

Von der Fakultät für Maschinenwesen
der Rheinisch-Westfälischen Technischen Hochschule Aachen
zur Erlangung des akademischen Grades eines
Doktors der Ingenieurwissenschaften
genehmigte Dissertation

vorgelegt von

Yury Trofimov

Berichter:

Univ.-Prof. Dr.-Ing. Christian Brecher
Univ.-Prof. Dr.-Ing. Hans-Christian Möhring

Tag der mündlichen Prüfung: 18. März 2014

ERGEBNISSE AUS DER PRODUKTIONSTECHNIK

Yury Trofimov

Analyse, Modellierung und Simulation des dynamischen Verhaltens bei der doppelspindligen Fräsbearbeitung

Herausgeber:
Prof. Dr.-Ing. Dr.-Ing. E.h. Dr. h.c. Dr. h.c. F. Klocke
Prof. Dr.-Ing. Dipl.-Wirt.Ing. G. Schuh
Prof. Dr.-Ing. C. Brecher
Prof. Dr.-Ing. R. H. Schmitt

Band 46/2014

WZL RWTHAACHEN

Fraunhofer
IPT

Bibliografische Information der Deutschen Nationalbibliothek
Die Deutsche Nationalbibliothek verzeichnet diese Publikation in der Deutschen Nationalbibliografie; detaillierte bibliografische Daten sind im Internet über http://dnb.ddb.de abrufbar.

Yury Trofimov:

Analyse, Modellierung und Simulation des dynamischen Verhaltens bei der doppelspindligen Fräsbearbeitung

1. Auflage, 2014

Gedruckt auf holz- und säurefreiem Papier, 100% chlorfrei gebleicht.

Apprimus Verlag, Aachen, 2014
Wissenschaftsverlag des Instituts für Industriekommunikation und Fachmedien an der RWTH Aachen
Steinbachstr. 25, 52074 Aachen
Internet: www.apprimus-verlag.de, E-Mail: info@apprimus-verlag.de

Druck: KN Digital Printforce GmbH, Stuttgart

ISBN 978-3-86359-270-7

D 82 (Diss. RWTH Aachen University, 2014)

Inhaltsverzeichnis

Content

Formelzeichen und Abkürzungsverzeichnis

Formula Symbols and Abbreviations

D_k	-	Dämpfungsmaß
F	N	Schnittkraft
F_d	N	Kraft in Spandickenänderungsrichtung
F_{Vors}	N	Vorspannkraft
$F(s)$	N	Kraftsignal im Frequenzbereich
$[F]$	N	Vektor der äußeren Kräfte
F_{dyn}	N	Dynamische Kraft
F_{Zersp_x}	N	Dynamischer Zerspankraftanteil in X-Richtung des Maschinenkoordinatensystems
F_{Zersp_y}	N	Dynamischer Zerspankraftanteil in Y-Richtung des Maschinenkoordinatensystems
$[G]$	µm/N	Matrix der Nachgiebigkeitsfrequenzgänge
$G(j\omega)$	µm/N	Nachgiebigkeitsfrequenzgang
$G_g(j\omega)$	µm/N	Gerichteter Nachgiebigkeitsfrequenzgang
$G_{ij}(j\omega)$	µm/N	Nachgiebigkeitsfrequenzgang
$G_0(j\omega)$	µm/N	Übertragungsfunktion des aufgeschnittenen Wirkungskreises
G_D	µm/N	Direktnachgiebigkeit
$G_Ü$	µm/N	Übertragungsnachgiebigkeit
$G_{xx}(s)$	-	Autopower Spektrum der Verlagerung
$G_{FF}(s)$	-	Autopower Spektrum der Kraft
$G_{XF}(s)$	-	Crosspower Spektrum Verlagerung-Kraft
$G_{FX}(s)$	-	Crosspower Spektrum Kraft-Verlagerung
$H(s)$	-	Übertragungsfunktion
K	N/ µm	Steifigkeit
$K_{i1,1}$	N/mm^2	Spezifische Schnittkraft
K_L	1/s	Verstärkungsfaktor des Lagereglers
K_P	As/m	Verstärkungsfaktor des Geschwindigkeitsreglers
K_i	V/A	Verstärkungsfaktor des Stromreglers
K_V	1/s	Geschwindigkeitsverstärkung
M	kg	Masse

M_{ij}	kg	Effektive Masse
N	-	Anzahl Mittlungen
N_l	-	Zähnezahl des Werkzeugs in der linken Spindel
N_r	-	Zähnezahl des Werkzeugs in der rechten Spindel
R	-	Anzahl relevanter Koordinatenrichtungen
R_k	µm/N	Imaginärteil der modalen Nachgiebigkeit
S_k	µm/N	Realteil der modalen Nachgiebigkeit
S_{ij}	µm/N	Restnachgiebigkeit
T_{sig}	s	Signaldauer
T	s	Abtastintervall
$T_{Eigenfr}$	s	Kehrwert der betrachteten Eigenfrequenz
T_l	s	Totzeit zwischen Zahneingriffen an der linken Spindel
T_{ni}	s	Nachstellzeit des Stromreglers
T_{np}	s	Nachstellzeit des Drehzahlreglers
T_r	s	Totzeit zwischen Zahneingriffen an der rechten Spindel
T_{tot}	s	Totzeit zwischen Werkzeugeingriffen an der Spindel 1 und 2
T_{tmin}	s	Niedrigste zulässige Totzeit
T_{tW}	s	Digital generierte Totzeit
T_{ZR}	s	Totzeit zwischen Schneideneingriffen an der Spindel 1 und 2
U_{ij}	-	Komplexer Amplitudenparameter
jV_{ij}	-	Komplexer Amplitudenparameter
$\dot{V}_1$	cm^3/min	Umsetzbares Zeitspanungsvolumen bei der Bearbeitung mit ungleichen Drehzahlen
$\dot{V}_2$	cm^3/min	Stabil erreichbares Zeitspanungsvolumen bei der Bearbeitung mit $n_1=n_2$
V_g	-	Modaler Vektor
$\dot{V}_{Zersp}$	cm^3/min	Zeitspanungsvolumen
X(t)	m	Verlagerungssignal im Zeitbereich
[X]	-	Lagevektor im Maschinenkoordinatensystem

Weg_{max_Sp1}	µm	Maximale Verlagerung an der Spindel 1 bei der maximalen Kraft an der Spindel 1 und minimalen Vorspannkraft an der Spindel 2
Weg_{anfang_Sp1}	µm	Anfangsverlagerung der Spindel 1 aufgrund der Vorspankraft an der Spindel 2

Kleinbuchstaben

a_e	mm	Schnittbreite
a_p	mm	Schnitttiefe
a_{pmax}	mm	maximal erreichbare Schnitttiefe
a_{pmin}	mm	minimal erreichbare Schnitttiefe
a_{p1}	mm	Umsetzbare Schnitttiefe bei der Bearbeitung mit ungleichen Spindeldrehzahlen
a_{p2}	mm	Umsetzbare Schnitttiefe bei der Bearbeitung mit gleichen Spindeldrehzahlen
b	mm	Spanungsbreite
c	Ns/m	Dämpfungskoeffizient
d_{ij}	-	Richtungsfaktor
f	Hz	Frequenz
f(t)	N	Kraftsignal im Zeitbereich
$f_{Eigenfr}$	Hz	Eigenfrequenz
f_n	Hz	Eigenfrequenz
f_R	Hz	Resonanzfrequenz
f_{Simul}	Hz	Simulationstaktfrequenz
f_T	Hz	Zeitabhängige Frequenzfunktion
f_{z1}	Hz	Zahneingriffsfrequenz Spindel 1
f_{z2}	Hz	Zahneingriffsfrequenz Spindel 2
h	mm	Höhe
h_W	µm	Restwelligkeit auf dem Werkstück
i	-	Anzahl
i	-	Spindelnummer
k	N/mm	Federkonstante, Steifigkeit
k_c	N/mm²	Schnittkraftkoeffizient
k_{cb}	N/µm²	Spezifischer dynamischer Schnittkraftkoeffizient

k_{ij}	N/µm	Steifigkeit
k_{Sp1}	N/µm	Linearisierte Steifigkeit an der Spindel 1
m	kg	Masse
m_i	-	Koeffizient zur Berechnung des Anstiegswerts
n	-	Anzahl
n	min^{-1}	Drehzahl
n_1	min^{-1}	Drehzahl Spindel 1
n_2	min^{-1}	Drehzahl Spindel 2
n_l	min^{-1}	Drehzahl linke Spindel
n_r	min^{-1}	Drehzahl rechte Spindel
r	mm	Teilkreisradius
t	s	Zeit
u	mm	Spandickenänderung
v_{zul}	-	Resonanzüberhöhung
[x]	µm	Verlagerungsvektor
x	µm	Verlagerung
x(t)	µm	Verlagerungssignal im Zeitbereich
x_d	µm	Aktuelle Verlagerung
x_d	µm	Verlagerung in Spandickenänderungsrichtung
x_{di}	µm	Äußere Welligkeit
x_{di-1}	µm	Innere Welligkeit
x_{dyn}	µm	Dynamische Verlagerung
x_{ges}	µm	Gesamtmaschinenverlagerung
x_{stat}	µm	Statische Verlagerung
y	µm	Verlagerung, Hilfsgröße zur Berechnung der Kontaktlänge
x, y, z	-	Koordinatenrichtungen
z_1	-	Zähnezahl Spindel 1
z_2	-	Zähnezahl Spindel 2
z_S	-	Anzahl der Arbeitsspindeln

Griechische Buchstaben

α	Grad	Relative Winkelstellung der Werkzeugschneiden in der Spindel 1 und Spindel 2
β_{orth}	Grad	Winkel zwischen Richtung der dyn. Schnittkraft und Spanungsdickenänderungsrichtung
γ^2	-	Kohärenzfunktion
ε_g	-	Eigenwert
ε_l	Rad	Phasenverschiebung links
ε_r	Rad	Phasenverschiebung rechts
$[\eta_O]$	-	Matrix der unkorrelierten Störsignalanteile
λ_k	-	Eigenwerte
μ_k	-	Abklingkonstante
φ	Grad	Phasenwinkel
φ_ε	Grad	Phasenverschiebung
φ	Grad	Eingriffsbogen
φ_a	Grad	Winkel des Anfangspunktes der Kontaktlänge
φ_D	Grad	Phasengang der Direktnachgiebigkeit
φ_e	Grad	Winkel des Endpunktes der Kontaktlänge
$\varphi_Ü$	Grad	Phasengang der Übertragungsnachgiebigkeit
ν_k	s^{-1}	Gedämpfte Eigenkreisfrequenz
Ω_0	Hz	Eigenfrequenz des Grundsystems
ω	Rad/s	Ratterkreisfrequenz
ω_0	Hz	Eigenkreisfrequenz
ω_{0k}	-	Betrag der Eigenwerte

Abkürzungen

MBK	Modifiziertes Beurteilungskriterium
MKS	Mehrkörpersimulation
MIMO	Multiple Input Multiple Output
NFG	Nachgiebigkeitsfrequenzgang
SIMO	Single Input Multiple Output
SISO	Single Input Single Output

1 Einleitung

Das Fräsen gehört zu den bedeutendsten Fertigungsverfahren mit geometrisch definierter Schneide und findet Anwendung in nahezu allen Bereichen der metallverarbeitenden Industrie. Dieses Zerspanverfahren wird sowohl in der Klein- als auch Großserienfertigung eingesetzt, da es sowohl auf universellen Fräsmaschinen als auch Bearbeitungszentren mit einem hohen Automatisierungsgrad realisiert werden kann. Die doppelspindlige Fräsbearbeitung stellt eine technologische Weiterentwicklung des konventionellen Fräsens dar, die durch eine gleichzeitige Zerspanung mit zwei Spindeln innerhalb einer Werkzeugmaschine gekennzeichnet ist. Doppelspindlige Fräsmaschinen finden ihren wirtschaftlichsten Anwendungsbereich vorwiegend in der Serien- und Massenfertigung, z.B. in der Automobilindustrie und im Armaturenbau. Der wesentliche Vorteil der doppelspindligen Fräsbearbeitung gegenüber dem konventionellen einspindligen Fräsen besteht in der höheren Produktivität bei gleichen Arbeitsraumabmessungen sowie den reduzierten Stückkosten.

Konstruktionsbedingt sind doppelspindlige Fräsmaschinen im Betrieb einer Belastung durch zwei gleichzeitig ablaufende Zerspanvorgänge ausgesetzt. Die Stabilität von doppelspindligen Fräsprozessen ist aufgrund der doppelten Belastung oft wesentlich geringer, als bei einer konventionellen Fräsbearbeitung mit nur einer Spindel. Die am häufigsten auftretende Art der Prozessinstabilität, die sogenannte regenerative Ratterschwingung, ist auf komplexe Wechselwirkungen zwischen der Maschinenstruktur und dem Zerspanprozess zurückzuführen. Im ungünstigen Fall führen diese Wechselwirkungen während der Bearbeitung zu Schwingungen mit schnell anwachsenden Amplituden nahe einer der strukturellen Resonanzfrequenzen, die durch den Zerpanprozess selbst angeregt und aufrechterhalten werden. Mögliche Folgen von Prozessinstabilitäten sind eine schlechte Oberflächengüte, Werkzeugbruch oder Beschädigungen der Spindeln. Diese unerwünschten Schwingungserscheinungen werden in der Industrie vorwiegend durch eine Reduzierung der Zerspanleistung vermieden, was zu steigenden Stückzeiten führt. Demzufolge sinkt die Fertigungsproduktivität, weshalb doppelspindlige Bearbeitungszentren häufig nicht wirtschaftlich voll ausgenutzt werden können. Eine allgemein anwendbare Strategie zur Optimierung von doppelspindligen Fräsprozessen existiert bisher noch nicht, da die zusätzlichen prozess- und maschinenseitigen Einflüsse, die aus der Wechselwirkung beider Zerspanprozesse resultieren, ungenügend erforscht sind. Konventionelle Methoden zur Erhöhung der Zerspanungsstabilität, wie zum Beispiel eine Variation der Spindeldrehzahl, Schnitttiefe und des Vorschubs, können ohne Berücksichtigung dieser Einflüsse nicht zielführend angewendet werden.

In der industriellen Praxis werden bereits erste Erfahrungen mit Berechnungsprogrammen gesammelt, die eine Simulation des Stabilitätsverhaltens von konventionellen Maschinen und die darauf basierende rechnerunterstützte Prozessauslegung ermöglichen. Analytische Methoden lassen sich hier nicht immer zielführend anwenden, da zum einen oftmals Fräswerkzeuge mit einer niedrigen Zähnezahl und dementsprechend einer stark ausgeprägten zeitlichen Varianz der Zerspankräfte eingesetzt werden. Zum anderen ist das reale dynamische Maschinenverhalten bei unterschiedlichen Strukturbelastungen durch die Zerspankräfte, z.B. beim Einsatz von ungleichgeteilten Werkzeugen oder bei einer aperiodischen Strukturanregung an mehreren Krafteinleitungsstellen, zu berücksichtigen. Das Modell des dynamischen Maschinenverhaltens hat einen ausschlaggebenden Einfluss auf die Güte der Prozessstabilitätsberechnung. Im Gegensatz zu den analytischen Methoden kann das Maschinen- und Prozessverhalten bei Fräsprozessen mit beliebigen technologischen Parametern mit Hilfe einer Simulation im Zeitbereich modelliert werden. Deshalb findet vorwiegend diese Simulationsart heutzutage Anwendung für die rechnerunterstützte Prozessauslegung. Der heutige Stand der Technik bietet aber keine universell anwendbaren Ansätze zur Simulation von doppelspindligen Fräsprozessen, bei denen das dynamische Maschinen- und Werkstückverhalten sowie das Prozessverhalten realitätsnah abgebildet werden.

Beim Auftreten von dynamischen Instabilitäten ist man in der industriellen Praxis jedoch häufiger auf empirische Methoden zur Stabilisierung des Prozesses angewiesen. Die erforderlichen Zerspanversuche führen zwangsläufig zu Produktionsausfällen und dadurch zu einem hohen Zeit- und Kostenaufwand. Weiterhin existieren bisher keine dokumentierten Untersuchungen über den Einfluss von doppelspindlerspezifischen Prozesseinstellungen auf das Stabilitätsverhalten, die aus der zeitlichen Relation zweier Zerspanprozesse resultieren. Ohne Berücksichtigung dieser Parameter ist keine nachhaltige Prozessoptimierung möglich.

Der Fokus dieser Arbeit liegt auf der Analyse und ganzheitlichen Modellierung der doppelspindligen Fräsbearbeitung unter Berücksichtigung des dynamischen Verhaltens der Maschinenstruktur und des Zerspanprozesses sowie dessen doppelspindlerspezifische Einstellparameter. Die Arbeit soll ein allgemeines Wissen über die Wechselwirkungen zwischen Prozess und Maschinenstruktur bei der doppelspindligen Fräsbearbeitung schaffen, welches eine Auslegung von stabilen und gleichzeitig produktiven Prozessen ermöglicht. Dazu wird einerseits ein flexibles Mehrkörpersimulationsmodell eines Doppelspindlers aufgebaut, welches eine Untersuchung des dynamischen Maschinenverhaltens unter der gleichzeitigen, virtuellen Schwingungsanregung beider Spindeln durch zwei dynamische Kräfte in verschiedenen Phasenlagen ermöglicht. Weiterhin wird ein numerisches zeitdiskretes Gesamtmodell der doppelspindligen Bearbeitung aufgebaut, das eine Berechnung der zeitlichen Kraft- und Verlagerungsverläufe sowie die Ermittlung der Prozessstabilität in Form sogenannter Stabilitätskarten ermöglicht. Mit Hilfe des Simulationsmodells werden verschiedene Einflussfaktoren untersucht, die das Stabilitätsverhalten des Gesamtsystems beeinflussen. Anhand der Untersuchungsergebnisse werden praxisrelevante doppelspindlerspizifische Optimierungsmaßnahmen definiert, die eine Steigerung der umsetzbaren Zerspanleistung von Doppelspindlern ermöglichen und deren wirtschaftlichen Betrieb unterstützen.

Introduction

Milling belongs to the most important manufacturing methods with a geometrically defined cutting edge. It is vastly utilized in nearly every branch of the metal-working industry. This method is employed for both small batch and mass production, for it can be implemented on universal milling machines as well as on machining centers. Parallel milling represents a technological advancement of the conventional milling that is characterized by simultaneous machining with two spindles. The main application area of parallel milling machines is primarily the large batch and mass production, e.g. the automotive industry or valves and fittings manufacturing. The parallel milling has its main advantage in the increased productivity and reduced manufacturing costs per part compared to the conventional single spindle milling.

Due to design of parallel milling machines in operation they are exposed to two simultaneously acting forces arising from two cutting processes. The stability of parallel milling is often significantly lower than that of conventional milling with only one spindle. Primarily the instability occurs due to so called regenerative chatter vibrations. This type of instable behavior occurs due to complex interactions between the machine tool structure and the cutting process. In a most unfavorable case these interactions lead to vibration with an increasing amplitude near a certain resonance frequency of the machine tool structure excited by the machining process itself. Possible consequences of instable machining are poor surface quality, tool brakeage or even spindle damage. In industry such undesirable vibration occurrences are avoided by means of reduction of machining power. The productivity decreases and the machining time increases, so that parallel milling machines often can not be employed economically. Until now there are no universally applicable optimization strategies for parallel milling machines, for additional influences due to temporal relation of both milling processes are not sufficiently studied yet. Conventional methods for an increase of the cutting stability, e.g. by means of alteration of the spindle speed, depth of cut and the feed, can not be expediently used without consideration of this temporal relation.

In an industrial practice first experience is being made with simulation programs that allow to predict the stability behavior of conventional machines and, hence, enable a computer-based process parameterization. Analytical methods are not always suitable, for there are numerous processes that employ milling tools with a low number of cutting edges, which display a strongly pronounced temporal variation of cutting forces. Further on the realistic dynamic machine behavior under various types of structure excitation by the cutting forces, e.g. under utilization of mills with variable pitch or an aperiodical structure excitation by multiple forces, has to be considered in the model. The model of the dynamic machine behavior has a crucial impact on the accuracy of the calculated stability charts. In contrast to analytical models the machine and process behavior can be modeled by means of universally applicable simulation in time domain. This simulative approach prevails in the currently applied methods for computed-based process parameterization. The present state of the art provides, however, no generally valid approach for the modeling of parallel miling processes that realistically depicts a dynamic machine and process behavior.

Cutting instability in industrial operations is, however, much more often amended by means of empirical methods. This often leads to cessation of production, long down-times and thus considerable financial losses. Until now no documented studies exist on the effect of specific process parameters of parallel milling, resulting from the premeditatedly set temporal relation of two cutting processes, on the stability behavior. Without consideration of these parameters there is no sustainable optimization of parallel milling processes possible.

This study focuses upon the analysis and holistic modeling of double-spindle milling under consideration of the dynamic machine tool and cutting process behavior as well as of specific process parameters of parallel milling. The present thesis is to create a basic knowledge about the interactions between process and machine structure in the double-spindle machining that enables a process parameterization for stable and at the same time productive machining. For that a flexible multi-body simulation model of a parallel milling machine will be created, which allows a virtual investigation of the dynamic behavior of the machine tool under vibrational excitation on both spindles by two forces with an arbitrary phase shift. Moreover, a numerical time discrete model of the parallel milling will be elaborated, which can be employed for the simulation of forces and displacements over time and estimation of the process stability in the form of so called stability charts. Furthermore, by means of the simulation model various process parameters will be examined regarding their influence onto the stability behavior of the "machine-process" system. On the basis of the results of the study some practically relevant optimization methods will be defined that allow to increase the reachable cutting productivity of parallel milling machines and with that to support their economic utilization.

2 Stand der Erkenntnisse

State of the Art in Research and Industry

Im Folgenden sind die relevanten Ansätze zur Modellierung des dynamischen Verhaltens von Werkzeugmaschinen und Zerspanprozessen sowie der Wechselwirkungen zwischen Maschinenstruktur und Zerspanprozess beschrieben. Neben der Beschreibung der Ansätze werden auch deren Anwendbarkeitsgrenzen aufgezeigt. Wie festzustellen ist, findet die Analyse und Optimierung der doppelspindligen Fräsprozesse in den bisherigen Forschungsarbeiten nur unzureichend Beachtung. Demzufolge bietet diese Thematik eine Vielzahl offener wissenschaftlicher und praktischer Fragestellungen. Für die Identifizierung optimaler Lösungsansätze zur Modellierung der doppelspindligen Fräsbearbeitung müssen zunächst die neuesten Entwicklungen im Bereich der Modellierung von Wechselwirkungen zwischen Maschine und Zerspanprozess bei konventionellen einspindligen Maschinen analysiert werden. Prinzipiell lassen sich die existierenden Forschungsarbeiten in rechnerunterstütze Methoden zur Vorhersage und Optimierung des Stabilitätsverhaltens mittels einer gezielten Prozessparametrierung und in simulative Ansätze zur Optimierung des dynamischen strukturmechanischen Maschinenverhaltens unterteilen. Diese Ansätze zur Untersuchung von konventionellen Maschinen werden in den nächsten Abschnitten erläutert und deren Anwendbarkeit auf Doppelspindler analysiert.

2.1 Dynamisches Verhalten von konventionellen einspindligen Bearbeitungszentren

Dynamic Behavior of Machining Centers with a Single Spindle

Werkzeugmaschinen sind aus mehreren Komponenten bestehende schwingungsfähige Systeme, die im Betrieb ein Mehrmassenschwingungsverhalten aufweisen. Während der Bearbeitung sind die Werkzeugmaschinen statischen und dynamischen Zerspankräften ausgesetzt, die zur Verformungen der Maschinenstruktur führen. Die Reaktion der Maschinenstruktur auf die im Betrieb entstehenden Belastungen wird durch die statische und dynamische Nachgiebigkeit der Maschine bestimmt. Das dynamische Verhalten der Maschinenstruktur steht im unmittelbaren Zusammenhang mit dem Dämpfungsvermögen, das die Schwingungsresistenz und folglich die erreichbare Zerspanleistung charakterisiert. Im Weiteren ist die Vorgehensweise zur messtechnischen Ermittlung von statischen Steifigkeiten und dynamischen Nachgiebigkeiten sowie zur Untersuchung des Stabilitätsverhaltens erläutert.

2.1.1 Nachgiebigkeitsverhalten von Einspindlern

Compliance behavior of single spindle machines

Eine quantitative Ermittlung der Reaktion der Maschinenstruktur auf definierte statische und dynamische Kräfte kann mittels der messtechnischen Untersuchung des Nachgiebigkeitsverhaltens durchgeführt werden (Bild 2-1). Das statische Nachgiebigkeitsverhalten wird in der Regel unter Einleitung einer statischen Vorspannkraft zwischen der Werkzeug- und Werkstückseite bei gleichzeitiger Erfassung der resultierenden Relativverlagerung untersucht. Mit Hilfe dieser Messung wird u.a. die Linearität des Mehrkomponentensystems überprüft, die eine Voraussetzung für die Durchführung der Messung von Nachgiebigkeitsfrequenzgängen und der Modalanalyse ist [Weck06b]. Zur Untersuchung des dynamischen Nachgiebigkeitsverhaltens wird die Maschinenstruktur durch einen Erreger angeregt. Der Erreger leitet eine dynamische Kraft in die statisch vorgespannte Maschinenstruktur ein, wodurch sich die im Kraftfluss liegenden Maschinenkomponenten dynamisch verlagern. Vorwiegend ist die Steifigkeit am Tool Center Point (TCP) für die Betriebseigenschaften der Maschine entscheidend. Zur Ermittlung dieser Steifigkeit wird die Verlagerung des TCP aufgrund der Anregungskraft gemessen. Die Kraft- und Verlagerungssignale werden in den heutzutage gängigen Auswertungssystemen digital verarbeitet. Die über einen A/D-Wandler digitalisierten Signale werden weiterhin mittels der Fourier Analyse in den Frequenzbereich transformiert. Wird die Verlagerung und die Anregungskraft ins Verhältnis gebracht, ergibt sich die komplexe dynamische Nachgiebigkeit der Maschinenstruktur, die anhand eines Amplituden- und Phasenfrequenzganges dargestellt werden kann (Bild 2-1). Die Zuverlässigkeit und Qualität der Messung wird mit Hilfe der sogenannten Kohärenzfunktion überprüft [Weck06b].

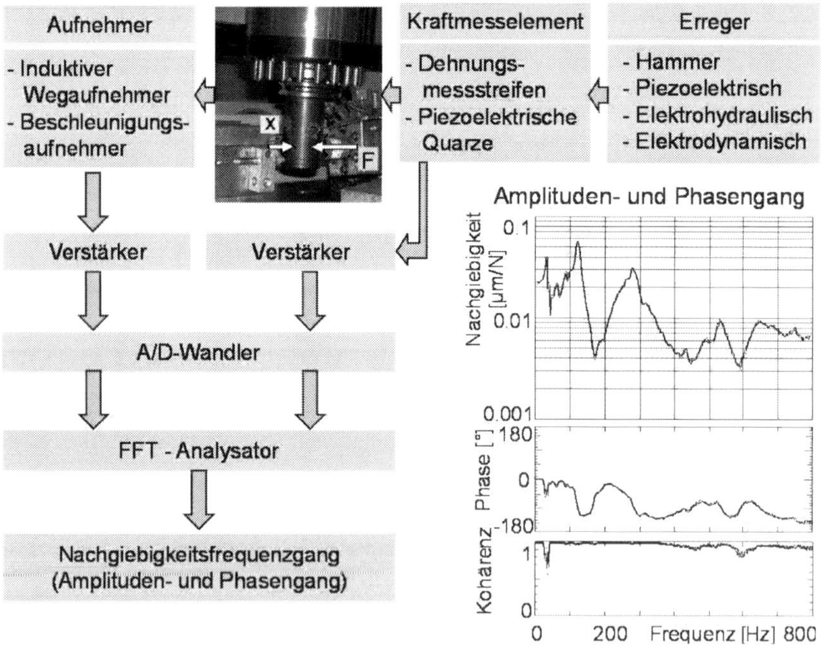

Bild 2-1: Nachgiebigkeitsfrequenzgangmessung an einer Werkzeugmaschine [Weck06b]

Figure 2-1: Measurement of compliance frequency response function on a machine tool [Weck06b]

Zu den gängigen Erregerarten gehören u.a. elektrohydraulische, piezoelektrische und elektrodynamische Erreger zur statischen und dynamischen Belastung der Maschinenstruktur sowie Impulshammer zur dynamischen Strukturanregung [Heyl07], [Piez10], [Rehl65], [Weck06b]. Für Sonderanwendungen, z.B. die Anregung drehender Wellen, sind auch berührungslose elektromagnetische Erreger bekannt [Pfei70].

Je nach Einsatzbereich finden die verschiedenen Erregerarten Anwendung. Häufig spielt der relevante zu untersuchende Frequenzbereich eine entscheidende Rolle bei der Erregerauswahl. Die elektrohydraulischen Erreger werden für die messtechnischen Untersuchungen in einem Frequenzbereich von 0-1000 Hz eingesetzt. Piezoelektrische Erreger können prinzipiell in einem breiteren Frequenzband von 0 Hz bis 20 kHz eingesetzt werden. Im unteren Frequenzbereich sind deren erreichbare Verlagerungsamplituden und somit die Schwingungsenergie allerdings deutlich geringer als bei elektrohydraulischen Erregern [Rehl65], [Phys98]. Bei diesen Erregerarten erfolgt die Anregung der Struktur gemäß einem Ansteuerungssignal, welches in der Regel aus verschiedenen periodischen und stochastischen Signalen zusammengesetzt wird (Bild 2-2). Bei der Anregung mit dem Impulshammer werden gleichzeitig sämtliche Eigenfrequenzen der Struktur in einem Frequenzbereich angeregt, in dem eine ausreichende Schwingungsenergie eingeleitet wird.

	Schrittweiser Sinus	Wobbeln	Rauschen	Pseudo-Rauschen	Impuls
Signaldarstellung Zeitbereich					
Signaldarstellung Frequenzbereich					
Messzeit	sehr lang	lang	kurz	kurz	sehr kurz
Gerätekosten	hoch	hoch	gering	hoch	gering
Unterdrückung von Leckage	sehr gut	gut	schlecht	gut	gut
Energiedichte	sehr hoch	hoch	gering	gering	sehr gering
Erkennung von Nichtlinearitäten	ja	ja	bedingt	bedingt	bedingt

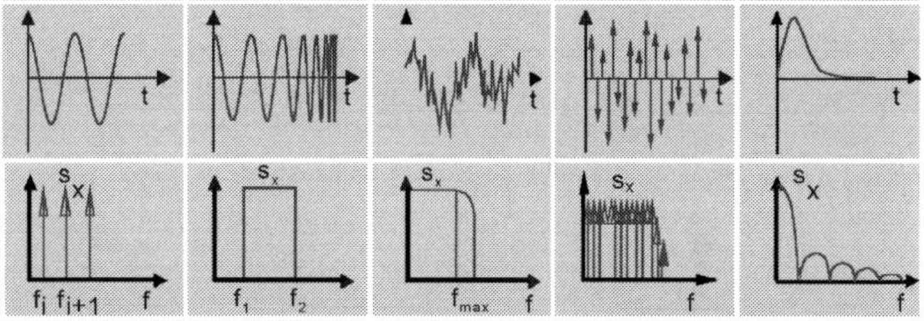

Bild 2-2: Gängige Signalarten zur Schwingungsanregung [Weck06b]

Figure 2-2: Common signal types for vibrational excitation [Weck06b]

Die Anregung einer schwingungsfähigen Struktur kann durch mehrere Erreger gleichzeitig erfolgen [Heyl07]. Dieses ermöglicht das Nachgiebigkeitsverhalten in verschiedenen Koordinatenrichtungen in einem Messaufbau zu ermitteln sowie eine realitätsnahe Linearisierung von leicht nichtlinearen Strukturen durch die mehrfache statische Vorspannung zu gewährleisten.

Neuartige Systeme zur messtechnischen Untersuchung der dynamischen Nachgiebigkeit von Werkzeugmaschinen kombinieren Erreger, Kraft- und Verlagerungsaufnehmer in einem Messkopf, wodurch der Einsatz der Messausrüstung in einer Werkzeugmaschine vereinfacht wird und die Nachgiebigkeitsmessungen zeiteffizienter durchgeführt werden können [Hann08], [Schu06]. Das kompakte Design von solchen Systemen lässt es zu, mögliche messaufbaubedingte Ungenauigkeiten während der Messung an Komponenten mit beschränkter Zugänglichkeit zu vermeiden.

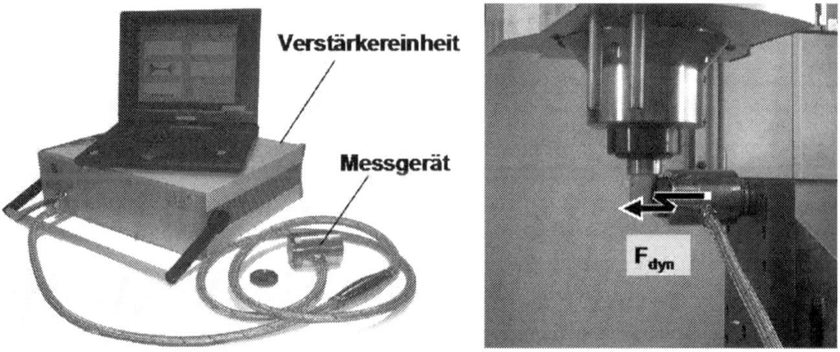

Bild 2-3: Neuartiges Messsystem zur Ermittlung des dynamischen Verhaltens von Werkzeugmaschinen [Hann08]

Figure 2-3: A modern measurement system for the ascertainment of the dynamic behavior of machine tools [Hann08]

Die Nachgiebigkeitsfrequenzgänge (NFG) ermöglichen eine quantitative Beschreibung der Verlagerungen des TCP bei verschiedenen Schwingungsfrequenzen in Abhängigkeit der einwirkenden Kraft. Die Resonanzstellen können der Werkzeug- oder Werkstückseite durch eine separate Schwingungserfassung mittels absolut messender Beschleunigungssensoren auf der jeweiligen Seite zugeordnet werden. Die NFG liefern allerdings keine Information über die Schwingungsursache und Schwingungsform, die einer jeweiligen Resonanzüberhöhung zugrunde liegen. Diese Informationen werden mit Hilfe der Modalanalyse ermittelt, die die dynamische Verlagerung der Maschinenstruktur in deren Resonanzfrequenzen visualisieren lässt.

Für die messtechnische Modalanalyse wird die Maschinenstruktur durch ein Gitternetzmodell approximiert (Bild 2-4). Die dynamischen Verlagerungen an den Knotenpunkten werden in der Regel mit absolut messenden triaxialen Beschleunigungsaufnehmern erfasst. Nach einer mathematischen Aufbereitung der Messdaten können die bei den wesentlichen Resonanzüberhöhungen vorliegenden Schwingungsformen aufgezeigt werden. Das Bewegungsverhalten jedes einzelnen Punktes des Gitternetzmodells wird mit Schwingungsamplitude und –phase in Bezug auf ein Referenzsignal dargestellt. Als Referenz wird in der Regel das Schwingungssignal eines Messpunktes nahe der Kraftanregungsstelle bzw. das dynamische Kraftsignal selbst verwendet. Die Schwingungsformen ermöglichen eine Schwachstellenanalyse der Gesamtmaschine, einzelner Maschinenkomponenten und deren Schnittstellen [Heyl07].

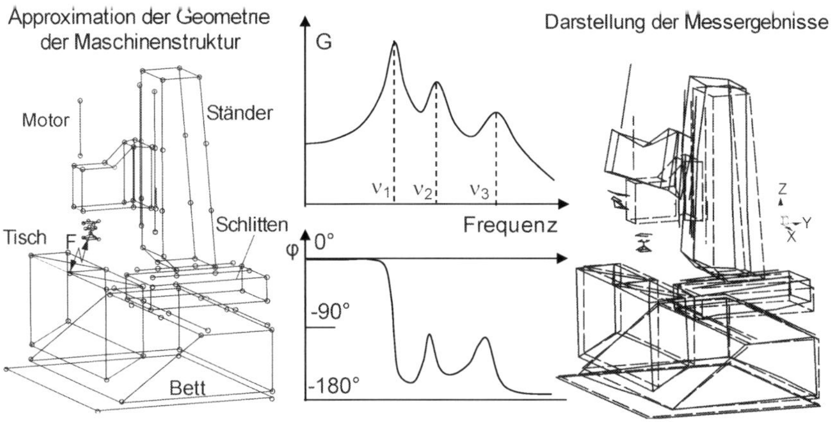

Bild 2-4: Vorgehensweise bei der Modalanalyse [Weck06b]

Figure 2-4: Procedure of the modal analysis [Weck06b]

Im folgenden Abschnitt werden die theoretischen Grundlagen zur Ermittlung von konventionellen Nachgiebigkeitsfrequenzgängen von einspindligen Bearbeitungszentren aufgeführt. Diese Grundlagen bilden eine Basis für die im Kapitel 4 beschriebene Entwicklung der geeigneten Strategie zur messtechnischen Untersuchung der dynamischen Nachgiebigkeit von Doppelspindlern.

2.1.2 Theoretische Grundlagen zur Ermittlung konventioneller Nachgiebigkeitsfrequenzgänge (SISO-Verfahren)

Theoretical Basics for the Estimation of Conventional Compliance Frequency Response Functions (SISO-Method)

Zur Bestimmung der Nachgiebigkeitsfrequenzgänge (NFG) von Maschinenstrukturen unter der Anregung mit einem Erreger kann die mathematische Beschreibung des schwingungsfähigen Systems, die z.B. in [Alle80], [Ewin00], [Heyl07], [Weck06b] gegeben ist, verwendet werden. Das SISO-Verfahren (Single Input Single Output) kann für Messanordnungen mit einer Kraftquelle und einer zur messenden Größe eingesetzt werden (Bild 2-5).

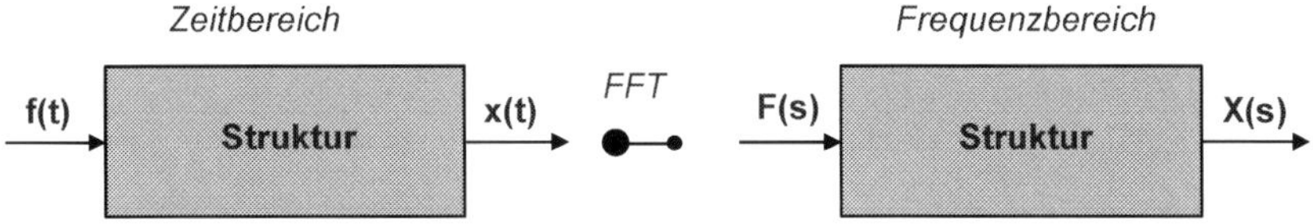

Bild 2-5: Single Input Single Output – Verfahren

Figure 2-5: Single Input Single Output method

Einem Kraftsignal f(t) bzw. einem Verlagerungssignal im Zeitbereich x(t) entspricht eine komplexe Darstellung im Frequenzbereich F(s) bzw. X(s), die z.B. mittels der Fast Fourier Transformation (FFT) ermittelt werden kann. Für die strukturelle Übertragungsfunktion, die den Zusammenhang zwischen der Kraft und Verlagerung wiedergibt, gilt:

$$X(s) = F(s) \cdot H(s) \quad \text{(Gl. 2-1)}$$

Somit gilt für das Übertragungsverhalten H(s) der Maschinenstruktur:

$$H(s) = \frac{X(s)}{F(s)} \quad \text{(Gl. 2-2)}$$

Zur Lösung der Gleichung (Gl. 2-2) werden die aus der oben genannten Fachliteratur bekannten Formeln verwendet:

$$H_1(s) = \frac{X(s) \cdot \overline{F}(s)}{F(s) \cdot \overline{F}(s)} \quad \text{(Gl. 2-3)}$$

und

$$H_2(s) = \frac{X(s) \cdot \overline{X}(s)}{F(s) \cdot \overline{X}(s)} \quad \text{(Gl. 2-4)}$$

Wobei $\overline{F}(s)$ bzw. $\overline{X}(s)$ das komplex konjugierte Kraft- bzw. Verlagerungsspektrum ist.

Für eine ausreichende Güte der NFG-Messung sind meistens mehrere Messwiederholungen notwendig, um stochastische Störrauschanteile in Messsignalen rechnerisch zu reduzieren. Dafür wird das so genannte Mittelungs-Verfahren oder auch Averaging genannt, eingesetzt. Das Verfahren lässt es zu, eine eventuell vorhandene Störung am Eingangs- oder Ausgangssignal sowie an beiden Signalen mathematisch zu extrahieren und vom Hauptsignal zu trennen.

Autopower Spektrum, Crosspower Spektrum und Averaging

Für die mathematische Beschreibung des Averaging-Verfahrens werden spezielle Parameter verwendet. Das Autopower Spektrum und Crosspower Spektrum werden benötigt, um eine aus einer Vielzahl der Eingangs- und Ausgangsmesswerte eindeutige Lösung für die Übertragungsfunktion zu ermitteln.

Unter dem Autopower Spektrum des Verlagerungszeitsignals wird eine Multiplikation dieses Signals im Frequenzbereich mit seinem komplex konjugierten Spektrum verstanden:

$$G_{XX}(s) = X(s) \cdot \overline{X}(s) \quad \text{(Gl. 2-5)}$$

Für das Autopower Spektrum des Kraftsignals gilt entsprechend:

$$G_{FF}(s) = F(s) \cdot \overline{F}(s) \quad \text{(Gl. 2-6)}$$

Die Autopower-Funktion beschreibt die durchschnittliche Leistungsverteilung im jeweiligen Signal über der Frequenz und wird für die Berechnung von gemittelten Übertragungsfunktionen verwendet [Heyl07].

Das Crosspower Spektrum beschreibt die Leistungsverteilung in zwei Signalen über der Frequenz, wobei die Phase die zeitliche Relation beider Signale wiedergibt. Für das Crosspower Spektrum gilt:

$$G_{XF}(s) = X(s) \cdot \bar{F}(s) \qquad \text{(Gl. 2-7)}$$

$$G_{FX}(s) = F(s) \cdot \bar{X}(s) \qquad \text{(Gl. 2-8)}$$

Mit den Gleichungen (Gl. 2-5) - (Gl. 2-8) kann die Übertragungsfunktion der mechanischen Struktur (Gl. 2-4) in folgender Form dargestellt werden:

$$H(s) = \frac{G_{XX}}{G_{FX}} \qquad \text{(Gl. 2-9)}$$

Für die Ermittlung eines gemittelten Nachgiebigkeitsfrequenzgangs kann das Averaging-Verfahren entweder im Zeit- oder Frequenzbereich erfolgen (Bild 2-6).

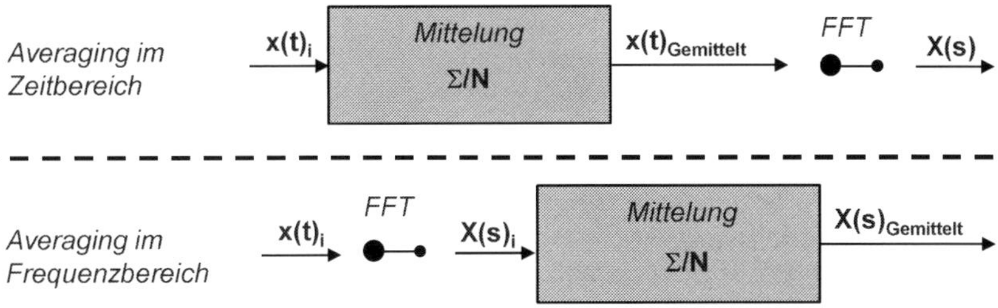

Bild 2-6: Averaging-Verfahren im Zeit- und Frequenzbereich

Figure 2-6: Averaging in time and frequency domain

Für die Berechnung von Nachgiebigkeitsfrequenzgängen werden Averaging-Verfahren im Frequenzbereich eingesetzt. Im folgenden Abschnitt sind mathematische Grundlagen für die Berechnung von strukturellen Übertragungsfunktionen im SISO-Verfahren dargestellt.

SISO-Nachgiebigkeitsfrequenzgangberechnung

Für die Berechnung von Übertragungsfunktionen aus gemessenen Ein- und Ausgangssignalen, die eventuell mit einem unkorrelierten Störsignal behaftet sind, existieren verschiedene Techniken, bei denen das Rauschen am Ein- oder Ausgangssignal sowie an beiden Signalen rechnerisch eliminiert werden kann. Als unkorreliertes Störsignal wird ein Störrauschen bezeichnet, welches in keinem kausalen Zusammenhang mit dem jeweiligen störungsfreien Weg- oder Kraftsignal steht. Die Gleichung (Gl. 2-3) beschreibt das H_1-Verfahren, welches sich für mathematische Behandlung von Systemen eignet, bei denen das Störrauschen ausschließlich am Ausgangssignal vorhanden ist. Die Gleichung (Gl. 2-4) stellt den H_2-Ansatz dar, der für Systeme mit Störung behafteten Eingangssignalen anwendbar ist. Eine universelle Weiterentwicklung dieser Ansätze ist das so genannte Hv-Verfahren, das die H_1- und H_2-Techniken kombiniert. Dieses Verfahren wird im Abschnitt 4.3 erläutert.

Die Bestimmung der gemittelten Übertragungsfunktion erfolgt für die Auto- und Crosspower Spektren [Heyl07]. N ist hier die Anzahl der Mittelungen bei der messtechnischen Ermittlung der jeweiligen Funktion (Gl. 2-10)-(Gl. 2-13). Die in (Gl. 2-3) und (Gl. 2-4) dargestellte Berechnung der Übertragungsfunktion unter Verwendung der Gleichungen (Gl. 2-10)-(Gl. 2-13) ermöglicht eine eindeutige Bestimmung eines Nachgiebigkeitsfrequenzganges für stationäre, nicht stationäre und deterministische Eingangssignale [Heyl07].

$$\hat{G}_{FF} = \frac{1}{N}\sum_{n=1}^{N}(G_{FF})_n \qquad \text{(Gl. 2-10)}$$

$$\hat{G}_{XX} = \frac{1}{N}\sum_{n=1}^{N}(G_{XX})_n \qquad \text{(Gl. 2-11)}$$

$$\hat{G}_{FX} = \frac{1}{N}\sum_{n=1}^{N}(G_{FX})_n \qquad \text{(Gl. 2-12)}$$

$$\hat{G}_{XF} = \frac{1}{N}\sum_{n=1}^{N}(G_{XF})_n \qquad \text{(Gl. 2-13)}$$

Die Qualität und Genauigkeit einer messtechnischen Ermittlung von Übertragungsfunktionen wird von den vorhandenen Störanteilen im Ein- und Ausgangssignal beeinflusst. Für die Überprüfung der Messgüte wird die so genannte Kohärenzfunktion γ verwendet, die den Einfluss der Störsignale auf die ermittelte Übertragungsfunktion quantitativ beschreibt. Bei der SISO-Untersuchung unter dem Einsatz der H_2-Technik wird die Kohärenzfunktion wie folgt berechnet [Heyl07]:

$$\gamma^2 = \frac{\left|\hat{G}_{FX}\right|^2}{\hat{G}_{FF} \cdot \hat{G}_{XX}} \qquad \text{(Gl. 2-14)}$$

Bei der H_1-Technik wird folgende Formel verwendet:

$$\gamma^2 = \frac{\left|\hat{G}_{XF}\right|^2}{\hat{G}_{FF} \cdot \hat{G}_{XX}} \qquad \text{(Gl. 2-15)}$$

Die Kohärenzfunktion ist eine Korrelationsgröße und nimmt Werte zwischen 0 und 1 an. Sie ist maximal, wenn Ein- und Ausgangssignal eine ausgeprägte lineare Abhängigkeit aufweisen. Nicht korrelierende Signalanteile in Messsignalen, z.B. aufgrund der Störkräfte von außen, sowie nichtlineares Verhalten der Werkzeugmaschine, z.B. aufgrund von Lose in den Führungsschuhen oder elektrischen Störungen im Messsystem, führen zum Einbruch der Kohärenz [Heyl07], [Weck06b]. Eine ausreichende Güte des Messsignals ist bei einem Wert der Kohärenzfunktion von mehr als 80% gegeben [Weck06b].

Resonanzstellen mit den dazugehörigen Schwingungsformen sind kritisch, wenn sie im Betrieb durch den Zerspanprozess angeregt werden und zu großen Relativverlagerungen zwischen Werkzeug und Werkstück führen, die die Maßgenauigkeit und Oberflächenqualität eines Bauteils beeinträchtigen. In den nächsten Abschnitten wird die messtechnische Untersuchung des Stabilitätsverhaltens erläutert. Mechanismen, die zu Instabilitäten führen können, werden erklärt.

2.1.3 Instabilitätsursachen in der spanenden Bearbeitung

Causes of Cutting Process Instability

Prozessstabilität in der spanenden Bearbeitung beschreibt die Abstimmungsgüte zwischen der Strukturbelastung durch den Zerspanprozess und dem Steifigkeits- und Dämpfungsvermögen der Werkzeugmaschine und bestimmt die Bearbeitungsqualität des Werkstücks. Ein Bearbeitungsvorgang mit konstanten technologischen Parametern gilt als stabil, wenn die Maschine unter den entstehenden Prozesslasten einer Schwingung mit einem stetigen Schwingungspegel ausgesetzt ist und eine ausreichende Genauigkeit und Werkstückoberflächengüte gewährleistet. Sind die prozessseitigen Belastungen zu groß oder weist die Maschinenstruktur keine zur Aufnahme von Prozesskräften ausreichende Steifigkeit und Dämpfung auf, dann kann ein instabiler Zustand auftreten. Ein instabiler Prozess ist in der Regel durch große Relativverlagerungen zwischen Werkzeug und Werkstück gekennzeichnet, welche die Maßgenauigkeit und Oberflächenqualität deutlich reduzieren können.

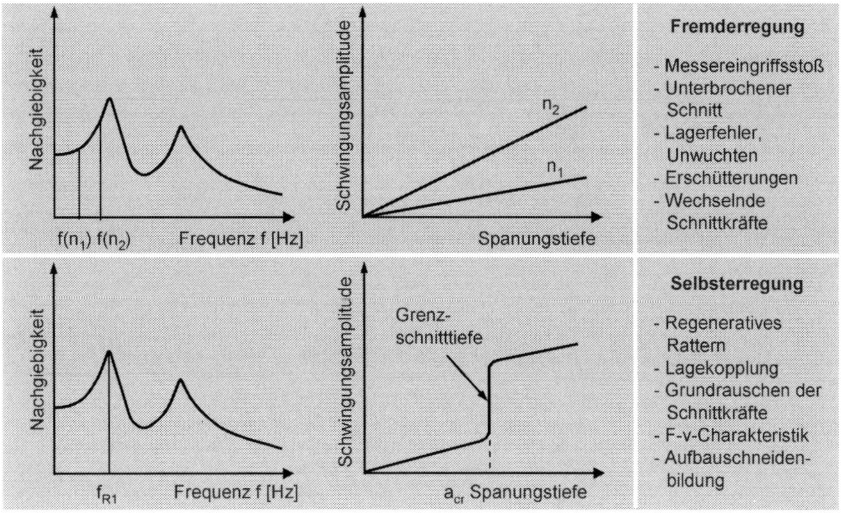

Bild 2-7: Instabilitätsursachen bei der spanenden Bearbeitung [Weck06b]

Figure 2-7: Causes of instability in metal cutting processes [Weck06b]

Die Stabilität der spanenden Bearbeitung wird von zahlreichen Faktoren beeinflusst [Alti04], [Brec09], [Weck06b]. Bei der Stabilitätsanalyse wird grundsätzlich zwischen der Fremd- und Selbsterregung unterschieden. Bei der Fremderregung entstehen die Störkräfte zum Beispiel aufgrund der Schnittunterbrechungen. Diese Störkräfte wirken sich auf das System proportional zur Spanungstiefe aus und führen zur Systemschwingungen mit der Frequenz der Störkraft. Weitere Störquellen bei der Fremderregung sind Überrollbewegungen bei Wälzlagerungen, Schwingungen durch Getriebe, Hydraulikeinheiten oder bewegte Bauteile der Maschine sowie Unwuchten und Fundamenterschütterungen. Besonders große Amplituden treten auf, wenn die Anregungsfrequenz in der Nähe einer Maschineneigenfrequenz liegt. In der Regel tritt kein sprungartiger Anstieg der Schwingungsamplituden auf, wie es bei der Selbsterregung der Fall ist. Bei stoßartiger Fremderregung, z.B. durch schlagartig schaltende Hydraulikeinheiten, schwingt die Maschine in ihrer dominanten Eigenfrequenz aus. Die Selbsterregung ist im Gegensatz dazu dadurch gekennzeichnet, dass die Störkräfte aus dem Zerspanprozess selbst hervorgehen und ab einer bestimmten Spanungstiefe sprungartig anwachsen, was zu einer starken Belastung der Struktur führt (Bild 2-7). Die Selbsterregung kann grundsätzlich aufgrund des Grundrauschens der Zerspankräfte, der fallenden Zerspankraft bei steigender Schnittgeschwindigkeit, einer Aufbauschneidenbildung, der Kopplung von nahgelegenen Strukturresonanzstellen in verschiedenen Raumrichtungen sowie der Fehlparametrierung der Regelkreise von numerischen Steuerungen entstehen. Diese Ursachen sind allerdings für Sonderkonstellationen von Maschinen- und Prozessparametern relevant [Dane52], [Kloc08], [Weck06b]. In der Praxis ist die Ursache der selbsterregten Schwingungen viel öfter auf den regenerativen Effekt zurückzuführen.

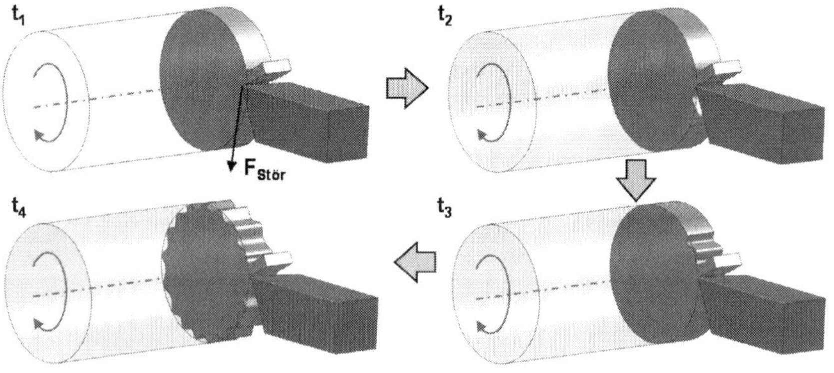

Bild 2-8: Entstehung von Ratterschwingungen im Einstechdrehen [Weck06b]

Figure 2-8: Origination of chattering in plunge turning [Weck06b]

Die Entstehung von Regenerativschwingungen ist am Beispiel eines Einstechdrehprozesses in Bild 2-8 graphisch dargestellt. Ein Zerspanprozess ist ständig Störeinflüssen aufgrund des Grundrauschens der Zerspankräfte oder des unterbrochenen Schnitts (beim Fräsen) unterworfen. Eine Störkraft ruft eine Verlagerung des Werkzeugs in einer der Eigenfrequenzen der Maschinenstruktur in der Spandickenänderungsrichtung hervor (Bild 2-8, t_1), wodurch die Schneide auf der Werkstückoberfläche eine Welligkeit hinterlässt (t_2). Nach einer Werkstückumdrehung kommt diese Welligkeit erneut in Kontakt mit dem Werkzeug und regt die Struktur in deren Eigenfrequenz an (t_3). Dies führt zum Abspanen eines welligkeitsförmigen Profils. Wenn die Strukturdämpfung nicht ausreicht, um die relativen Verlagerungen zwischen Werkzeug und Werkstück zu beruhigen, wird der Prozess instabil (Bild 2-8, t_4).

Der erläuterte Mechanismus der Entstehung von Ratterschwingungen kann mit Hilfe eines Wirkungskreises modelliert werden (Bild 2-9). Der Wirkungskreis beschreibt die Wechselwirkung zwischen Maschinenverhalten und Zerspanprozess im Bezug auf die zeitliche Entwicklung der dynamischen Spandickenmodulation [Bern69]. Die auf der Werkstückoberfläche aufgeschnittene Welligkeit wird von der Verlagerung der Werkzeugspitze (Tool Center Point – TCP) x_d in Spandickenänderungsrichtung bestimmt. Dabei ist die Änderung der Spandicke u für die im Prozess entstehenden dynamischen Kräfte ausschlaggebend. Die Spandicke wird durch die in der aktuellen und vorherigen Werkstückumdrehung (mit einer Totzeit T_{tot} zwischen zwei Werkstückumdrehungen) hinterlassenen Welligkeit bestimmt. Der Überdeckungsfaktor μ beschreibt dabei die Überlappung dieser einzelnen Schnitte. Die Beobachtung des zeitlichen Verlaufs der Verlagerung x_d ermöglicht eine Aussage über die Entstehung von Ratterschwingungen (vgl. Abschnitt 2.3.3).

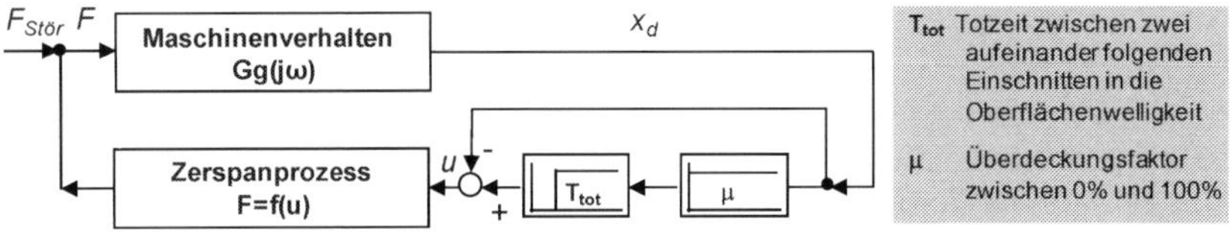

Bild 2-9: Wirkungskreis zur Modellierung des Regenerativeffektes [Bern69]

Figure 2-9: Interaction loop for modelling of the regenerative chatter [Bern69]

Die aufgeführten Beziehungen für die Drehbearbeitung sind auch auf die Fräsbearbeitung übertragbar, wobei das Werkzeug und nicht das Werkstück angetrieben wird [Weck06b]. Dabei muss die ständige Änderung der Zerspankraftrichtung an einer jeweiligen Schneide sowie die eventuell gleichzeitige Spanabnahme an mehreren Schneiden berücksichtigt werden.

2.1.4 Schwingungsverhalten von Einspindlern im Betrieb

Vibrational Behavior of Single Spindle Machines in Operation

Bei der realen Fräsbearbeitung wird die Maschinenstruktur einer Kraftanregung durch Schneideneingriffe unterworfen. Neben der Zahneingriffsfrequenz wird die Werkzeugmaschine im breiten Frequenzspektrum angeregt, von dem das Schwingungsverhalten der Maschinenstruktur bei den Eigenfrequenzen für die Prozessstabilität relevant ist. Aufgrund dieser Kraftanregung kann sich das regenerative Rattern mit der zeitlich ansteigenden Schwingungsamplitude bei einer oder bei mehreren Resonanzfrequenzen aufbauen und zu starken Vibrationen der Maschine führen, die sich als Rattermarkierungen auf der Werkstückoberfläche abbilden können. Diese Betriebsschwingungen können z.B. mit Hilfe von Beschleunigungssensoren messtechnisch erfasst und bezüglich ihrer spektralen Zusammensetzung analysiert werden (Bild 2-10).

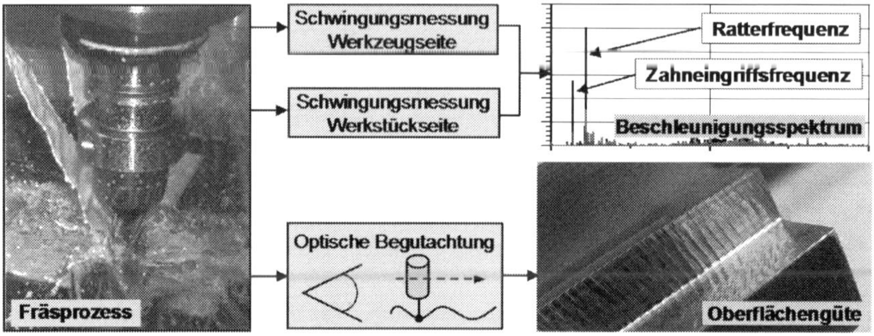

Bild 2-10: Rattererkennung beim Fräsen

Figure 2-10: Chatter detection during milling

Das Stabilitätsverhalten eines Bearbeitungszentrums wird in der Regel unter steigender Schnitttiefe bzw. Schnittbreite und konstanten restlichen Parametern (Vorschub, Spindeldrehzahl, Werkzeugverschleiß, Regelungsparameter) untersucht. Die Stabilitätsgrenze wird bei einer Schnitttiefe erreicht, bei der der Zerspanvorgang gerade noch stabil verläuft. Bei einer weiteren Steigerung der Schnitttiefe wird der Prozess instabil [Weck06b]. Das Auftreten eines instabilen Zustandes ist messtechnisch erfassbar und oft auch hörbar. Eine optische Begutachtung der Werkstückoberfläche bietet eine weitere Möglichkeit zur Erkennung der Prozessinstabilität. Über die Korrelation zwischen der gemessenen Ratterfrequenz und den strukturellen Resonanzfrequenzen kann die Ursache der Prozessinstabilität gefunden werden. Wie es in weiteren Kapiteln gezeigt wird, stellen die erreichbare Schnitttiefe, Spindeldrehzahl und die Ratterfrequenz die wichtigsten Parameter zur Beschreibung des Stabilitätsverhaltens dar.

2.2 Untersuchung des dynamischen Verhaltens von Doppelspindlern mit konventionellen Messmethoden

Investigation of the Dynamic Behavior of Parallel Milling Machines Using Conventional Measurement Methods

Wie bereits in Abschnitt 2.1 erläutert, vereinigt der Sammelbegriff „dynamisches Verhalten von Fräsmaschinen“ das dynamische Nachgiebigkeitsverhalten und das Schwingungsverhalten im Betrieb. Die Anwendbarkeit der konventionellen Messtechniken zur Untersuchung des dynamischen Verhaltens von Doppelspindlern wird im Weiteren analysiert.

2.2.1 Dynamisches Nachgiebigkeitsverhalten

Dynamical Compliance Behavior

Die im Kapitel 2.1.1 erläuterte konventionelle Vorgehensweise zur Durchführung von messtechnischen Untersuchungen des Nachgiebigkeitsverhaltens an einspindligen Bearbeitungszentren wird heutzutage auch zur Untersuchung von Doppelspindlern angewendet. Zur Ermittlung des dynamischen Nachgiebigkeitsverhaltens erfolgt die Anregung in der Regel durch einen Relativerreger an einer der beiden Spindeln. Ein realitätsnahes Belastungsschema wird dabei nicht gewährleistet. Dies führt zu Ungenauigkeiten in den ermittelten Messergebnissen. Werkzeugmaschinen zeigen in der Regel kein ideales linear-elastisches Nachgiebigkeitsverhalten, was u.a. auf eine Steifigkeits- und Dämpfungsänderung in Schnittstellen bei variierender statischer Vorspannkraft zurückzuführen ist [Ewin00], [Virg00]. In Bild 2-11, links, sind Nachgiebigkeitsfrequenzgänge eines Bearbeitungszentrums unter verschiedenen statischen Vorspannkräften gezeigt.

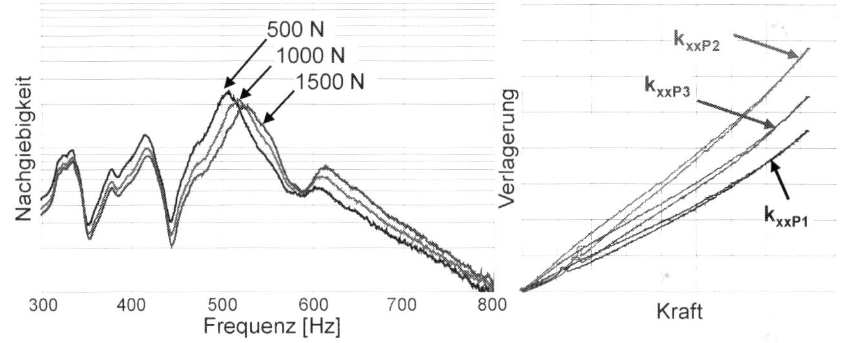

Bild 2-11: Leicht nichtlineares Verhalten eines Bearbeitungszentrums

Figure 2-11: Slightly nonlinear behavior of a machining center

Neben der Änderung der Strukturnachgiebigkeit ist eine Verschiebung von Resonanzfrequenzen der Struktur möglich. Eine Ermittlung von dynamischen Nachgiebigkeiten im Betriebszustand einer Maschine ist demzufolge nur bei einer realitätsnahen statischen Vorspannung möglich. In der rechten Abbildung sind statische Kennlinien in drei verschiedenen Raumpositionen dargestellt. Auffällig ist der ausgeprägte Abfall der Steifigkeit bei steigender Kraft. Ein solches Verhalten soll konstruktiv vermieden werden, wird jedoch bei der Untersuchung des Nachgiebigkeitsverhaltens von Bearbeitungszentren sporadisch beobachtet. Wesentlich öfter kommt die Erhöhung der Struktursteifigkeit unter steigender Vorspannkraft vor, die u.a. auf größere Kontaktflächen in den Schnittstellen zwischen den einzelnen Maschinenkomponenten zurückzuführen ist. Diese Effekte müssen insbesondere bei der messtechnischen Untersuchung von doppelspindligen Bearbeitungszentren berücksichtigt werden, da diese Maschinen konstruktionsbedingt einer doppelten Belastung ausgesetzt sind. Für die quantitativ richtige Bestimmung von statischen Steifigkeiten sowie dynamischen Nachgiebigkeiten der Maschinenstruktur ist während der Messung ein realitätsgetreues Belastungsschema erforderlich, welches den doppelspindligen Fräsprozess möglichst genau abbildet. Weiterhin erfordert eine vollständige Ermittlung des dynamischen Verhaltens mehrere Messaufbauten, da sowohl direkte dynamische Nachgiebigkeiten, Kreuznachgiebigkeiten an zwei Spindeln als auch Übertragungsnachgiebigkeiten zwischen Spindeln in allen relevanten Raumrichtungen gemessen werden müssen [Weck06b]. Die konventionelle messtechnische Untersuchung von Doppelspindlern ist deshalb beachtlich zeitintensiver und aufgrund mehrerer notwendiger Messaufbauten zusätzlich mit weiteren Unsicherheiten und Ungenauigkeiten behaftet [Brec11b]. Die messtechnische Untersuchung des dynamischen Nachgiebigkeitsverhaltens von Doppelspindlern mit einer gleichzeitigen Belastung der Struktur durch statische Kräfte an beiden Maschinenspindeln kann allerdings mittels konventioneller Methoden nicht erfolgen. Eine Anbringung einer zweiten statischen Vorspannungskraft an der zweiten Spindel ist bei den Messungen von NFG an der Spindel 1 nur für Sonderprozesse gültig, da sie sich als eine weitere, in der Realität nicht vorhandene, Schnittstelle in der Maschinenstruktur auf das dynamische Verhalten auswirkt. Für die realitätsgetreue Messung der statischen Steifigkeiten und dynamischen Nachgiebigkeiten ist eine Weiterentwicklung der konventionellen Strategie der messtechnischen Untersuchungen erforderlich. Dazu sollten neuartige Anregungsstrategien zur gleichzeitigen Belastung beider Spindeln mit statischen und dynamischen Kräften entwickelt werden und geeignete mathematische Auswertemethoden definiert werden. Solche Methoden werden bereits für die Untersuchung von Strukturen in der Luftfahrt- und Automobilindustrie eingesetzt [Alle80], [Ewin00], [Heyl07]. Eine Anwendung auf Werkzeugmaschinen ist bis heute allerdings nicht bekannt.

2.2.2 Schwingungsverhalten im Betrieb

Vibrational Behavior in Operation

Die heutzutage in der Industrie gängige Vorgehensweise zur Auslegung von doppelspindligen Fräsprozessen unterscheidet sich grundsätzlich nicht von jener für einspindlige Prozesse [Brec11a], [Brec11b]. In der Regel werden die Spindeln drehzahlgeregelt betrieben. Für beide Spindeln werden die gleiche Drehzahl und Schnitttiefe eingestellt. Die zeitliche Relation der gleichzeitig ablaufenden Zerspanprozesse bleibt dabei unberücksichtigt. Wie in den weiteren Kapiteln der vorliegenden Arbeit gezeigt wird, ist die Kombination der Prozesseinstellung an der Spindel 1 und Spindel 2 von ausschlaggebender Bedeutung für die Prozessstabilität. Wie in Bild 2-12 gezeigt, können die Prozessparameter an der Spindel 1 und 2 prinzipiell auch unabhängig voneinander eingestellt werden. Die Spindeln können lagegeregelt betrieben werden. Grundsätzlich können der Vorschub pro Zahn f_{zi}, (bei separaten Spindelträgern) die Drehzahl n_i, Winkellage α_i sowie die Regelparameter (K_L, K_p etc.) an der jeweiligen Spindel über die numerische Steuerung separat vorgegeben werden.

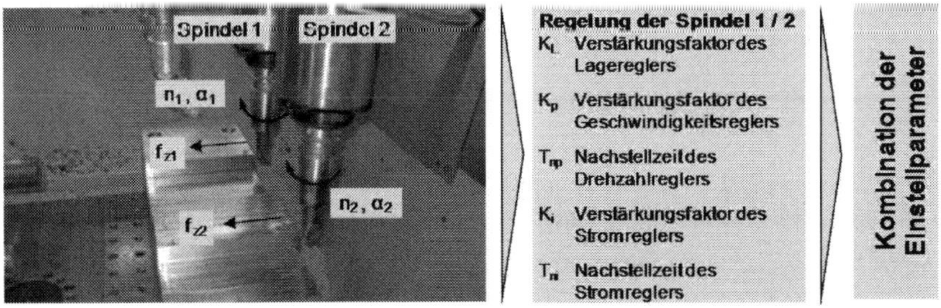

Bild 2-12: Parametrierung eines doppelspindligen Fräsprozesses

Figure 2-12: Parameterization of a parallel milling process

Die Einstellung unterschiedlicher Prozessparameter an den Spindeln 1 und 2 führt zu einer ungleichen Eingriffstaktung an den beiden Spindeln, die das Schwingungsverhalten der Maschine im Betrieb maßgeblich beeinflusst. Die Abhängigkeit der Prozessstabilität von Kombinationen der Prozessparameter an der Spindel 1 und 2 ist der grundlegende Unterschied des dynamischen Verhaltens eines Doppelspindlers von der Dynamik eines Einspindlers. Aus diesem Grund kann eine konventionelle Vorgehensweise bei der Untersuchung des Stabilitätsverhaltens von Doppelspindlern nicht zielgerecht angewendet werden [Brec11a]. Für die Identifikation wesentlicher Einflussfaktoren, die das Stabilitätsverhalten von Doppelspindlern bestimmen, sollte eine neuartige Untersuchungsstrategie entwickelt werden, welche die zeitliche Relation der Zerspanprozesse bei der Prozessauslegung berücksichtigt.

2.3 Modellierung der Wechselwirkungen von Maschine und Zerspanprozess

Modeling of the Interactions Between a Machine Tool and a Cutting Process

Die Qualität sowie Produktivität spanender Bearbeitungsverfahren hängt in entscheidendem Maße vom Verhalten der Maschinenstruktur während der Zerspanung ab. Die zeitliche Entwicklung von Betriebsschwingungen bestimmt entstehende Zerspankräfte, Werkzeugauslenkungen und folglich die Prozessstabilität. Seit Jahrzehnten werden die Wechselwirkungen zwischen dem strukturmechanischen Maschinenverhalten und dem Zerspanprozess in nationalen und internationalen Forschungsarbeiten analysiert. Dabei werden verschiedene Bearbeitungsarten, Prozessanordnungen und Prozesskinematiken betrachtet. In bekannten wissenschaftlichen Ansätzen zur Untersuchung der Wechselwirkung des strukturmechanischen Maschinenverhaltens und des Zerspanprozesses werden Maschinen- und Prozessmodelle eingesetzt, die geschlossene Wirkungskreise bilden. Um das Systemverhalten während der Bearbeitung abzubilden, wird das Verhalten des Wirkungskreises entweder mittels analytischer Methoden berechnet oder mit Hilfe numerischer Verfahren simuliert. So können zum Beispiel Zerspankräfte, mechanische Spannungen, Strukturverlagerungen, Prozessstabilität oder Oberflächenstruktur des Werkstücks simulativ ermittelt werden [Brec09].

Im Weiteren sind Erkenntnisse aus den Forschungsarbeiten zur Untersuchung konventioneller einspindliger Fräsprozesse dargestellt. Es sind Ansätze zur Modellierung des strukturmechanischen Maschinenverhaltens sowie Prozessverhaltens erläutert. Weiterhin sind bekannte Arbeiten zur Untersuchung der Wechselwirkungen zwischen Zerspanprozess und Maschinenstruktur beschrieben. Diese Ansätze bilden eine Basis zur Auswahl geeigneter Methoden zur Simulation und Analyse der doppelspindligen Fräsbearbeitung, die bisher unzureichend erforscht ist (vgl. Abschnitt 2.4).

2.3.1 Modellierung des dynamischen Maschinenverhaltens

Modeling of the Dynamical Machine Behavior

Die Verlagerung der Maschinenstruktur aufgrund statischer und dynamischer Kräfte kann entweder analytisch, auf Basis von messtechnisch ermittelten Nachgiebigkeitsfrequenzgängen (NFG) oder mittels einer Finite-Elemente-Simulation berechnet werden. Mit analytischen Methoden kann eine Übertragungsfunktion zur Beschreibung des Zusammenhangs zwischen dynamischer Kraft und Verlagerung durch eine mathematische Nachbildung messtechnisch ermittelter NFG bestimmt werden. Zu den Vorteilen dieser Methode zählen die Genauigkeit und Vollständigkeit des ermittelten dynamischen Nachgiebigkeitsverhaltens. Als Nachteile sollen der Aufwand zur Durchführung der Messung und zur mathematischen Nachbildung von NFG sowie Einschränkung der Anwendbarkeit dieser Methode auf praktisch messbare NFG erwähnt werden.

Im Gegensatz dazu ist bei der Modellierung des dynamischen Maschinenverhaltens mittels der FE-Simulation theoretisch keine Messung an der realen Maschine erforderlich. Ein Nachgiebigkeitsfrequenzgang wird anhand der Geometrie, Masse, Steifigkeit und Materialdämpfung von Maschinenkomponenten sowie der Dämpfungs- und Steifigkeitseigenschaften von Schnittstellen berechnet. Praktisch ist allerdings ein Abgleich mit den messtechnisch ermittelten Nachgiebigkeitsfrequenzgängen erforderlich, um die realistische Parametrierung der Schnittstellendämpfung zu ermöglichen. Die FE-Simulation bietet den Vorteil der virtuellen Untersuchung des Einflusses von strukturellen Veränderungen auf das dynamische Nachgiebigkeitsverhalten der Maschinenstruktur sowie eine beliebige Positionierung der Anregungskräfte und Reaktionspunkte, die in der Realität im Arbeitsraum der Maschine nicht zugänglich sind. Im Weiteren sind die genannten Ansätze eingehend erläutert.

Analytische Nachbildung von Nachgiebigkeitsfrequenzgängen

Die mathematische Nachbildung gemessener Nachgiebigkeitsfrequenzgänge erfolgt in der Regel mit Hilfe eines Curve-Fitting-Verfahrens, bei dem die gemessene Kurve als Summe mehrerer Einmassenschwinger approximiert wird [Heyl07].

Method	SDOF or MDOF	local or global estimates	single or multiple inputs	time or frequency domain	Poles (p) or mode shapes (ms)	Real or complex modes
peak picking	SDOF	local	single	frequency	p	
mode picking	SDOF	local	single	frequency	ms	real or complex
circle fit	SDOF	local	single	frequency	p + ms	real or complex
Ibrahim	MDOF	global	multiple	time	p + ms	complex
polyreference LSCE	MDOF	global	multiple	time	p	
DSSITD	MDOF	global	multiple	time	p + ms	complex
TDPI	MDOF	global	multiple	time	p + ms	complex
non-linear LSFD	MDOF	global	multiple	frequency	p + ms	real or complex
p-LSCFD (polymax)	MDOF	global	multiple	frequency	p	
FDPI	MDOF	global	multiple	frequency	p + ms	real or complex
DSSIFD	MDOF	global	multiple	frequency	p + ms	complex
CMIF	MDOF	global	multiple	frequency	p + ms	real or complex

Bild 2-13: Curve-Fitting-Verfahren [Heyl07]

Figure 2-13: Curve-Fitting method [Heyl07]

Es sind verschiedene Fitting-Verfahren zur Nachbildung einer gemessenen Kurve sowohl im Zeit- als auch im Frequenzbereich bekannt (Bild 2-13). Mit Hilfe der Curve-Fitting-Verfahren werden die so genannten modalen Parameter ermittelt, aus denen gewöhnliche Differentialgleichungen zweiter Ordnung zur Beschreibung von Einmassenschwingern abgeleitet werden können (vgl. (Gl. 5-3)). Diese Gleichungen können im Nachhinein zur Berechnung der dynamischen Verlagerung eines Strukturpunktes im bestimmten Frequenzbereich aufgrund angreifender dynamischer Kräfte eingesetzt werden [Alti00], [Spur88], [Weck06b]. Die Auswahl des einzusetzenden Verfahrens erfolgt in Abhängigkeit der verwendeten Messmethode (z.B. ein oder mehrere Ein- und Ausgänge) und Eigenschaften des Schwingungssystems (Steifigkeit und Dämpfung bei einer jeweiligen Resonanzfrequenz). Die dargestellten Verfahren können in Einmassenschwinger-Verfahren (Single Degree of Freedom – SDOF), die sich für die Untersuchung von Systemen mit lediglich einer ausgeprägten Resonanzstelle eignen, und Mehrmassenschwinger-Verfahren (Multiple Degree of Freedom – MDOF), die mehrere Resonanzstellen gleichzeitig berücksichtigen, unterteilt werden. Weiterhin werden Verfahren mit einzelnen (local estimates) und mehreren (global estimates) zu bearbeitenden Ausgangsgrößen unterschieden. Das Fitten kann sowohl anhand der Signale im Zeitbereich (time domain) als auch im Frequenzbereich (frequency domain) erfolgen. Die Frequenzbereich-basierten Methoden ermöglichen den Einfluss der außerhalb des Frequenzfensters liegenden Moden auf die gefittete Funktion zu berücksichtigen. Ein weiteres Klassifizierungsmerkmal ist die Anzahl der Eingangsgrößen (single / multiple inputs), die beim Fitten berücksichtigt werden können. Die Fitt-Verfahren mit mehreren zulässigen Eingangsgrößen (multiple inputs) können z.B. für das Fitten der Nachgiebigkeitsfrequenzgänge bzw. Modalanalyse-NFG, die unter dem Einsatz von mehreren Erregern ermittelt wurden, eingesetzt werden. Bei der messtechnischen Untersuchung von Werkzeugmaschinen hat sich die p-LSCFD oder auch Polymax genannte Methode bewährt, welche das Fitten von NFG von Strukturen mit vergleichsweiser niedriger Dämpfung mit hoher Genauigkeit und ohne Gefahr der numerischen Instabilität im Frequenzbereich ermöglicht.

Berechnung mittels der Finite-Elemente-Methode

Für die Berechnung des statischen und dynamischen Maschinenverhaltens mittels der Methode der finiten Elemente wird ein CAD-Modell einer jeweiligen Maschinenkomponente mit einer Elementennetz diskretisiert [Nebe99], [Weck06a]. Die einzelnen Komponenten werden in einem Gesamtmodell über Schnittstellen miteinander verbunden (Bild 2-14). Dieser Ansatz ermöglicht nicht nur eine Modellierung der Verlagerung der Maschine aufgrund statischer und dynamischer Kräfte an vordefinierten Strukturpunkten, sondern auch eine Untersuchung des dynamischen Strukturverhaltens unter verschiedenen Belastungskombinationen, unterschiedlicher Massen-, Steifigkeits- und Dämpfungseigenschaften einzelner Komponenten- und Schnittstellen. Solche Modelle liefern realitätsgetreue Ergebnisse, weshalb sie zur virtuellen Schwingungsanalyse eingesetzt werden können [Brec02], [Meid08], [Quei05], [Schn00], [Schw99].

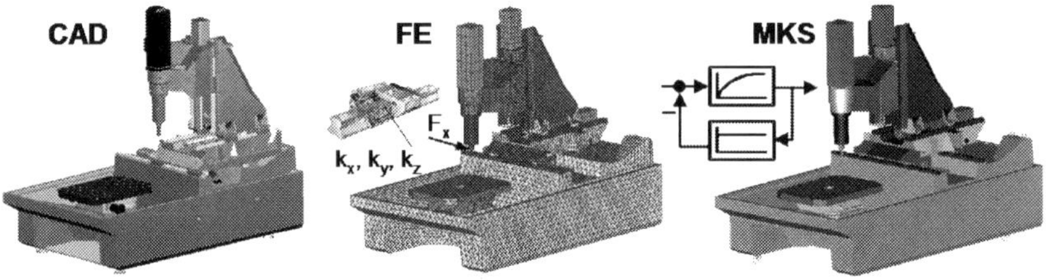

Bild 2-14: Erstellung eines flexiblen Mehrkörpermaschinenmodells

Figure 2-14: Development of a flexible multi-body machine model

Die Steifigkeits- und Dämpfungskoeffizienten von Schnittstellen zwischen einzelnen Maschinenkomponenten werden gemäß Messwerten und Herstellerangaben parametriert. Die restlichen, möglicherweise mit Unsicherheiten behafteten Schnittstellen und Komponenteneigenschaften werden in der Regel durch ein Abgleich mit Messergebnissen angepasst [Quei05], [Witt07]. Die Antriebe von Maschinenachsen können dabei als Ersatzmodelle abgebildet werden, die eine mechanische Steifigkeit in der jeweiligen Schnittstelle darstellen [Brec02]. Das FE-Maschinenmodell ermöglicht somit eine rechnerische Ermittlung des statischen und dynamischen Maschinenverhaltens.

Die Modellierung des kompletten mechatronischen Systems einschließlich der Regelung von mechanischen Achsen kann in einem Mehrkörpersimulationsmodell (MKS-Modell) erfolgen, welches auf dem FE-Modell basiert. Die MKS-Umgebung erlaubt die Kopplung des strukturmechanischen Maschinenmodells mit einem Computer Aided Controls Engineering (CACE) Programm (z.B. Matlab/Simulink®). Dadurch kann das Maschinenverhalten unter Berücksichtigung der Achsenregelung simuliert werden [Alti05], [Baud03], [Möhr06], [Zäh05a], [Zäh05b]. Über eine Schnittstelle zur

CACE-Umgebung wird außerdem eine gekoppelte Prozesssimulation ermöglicht, wozu das MKS-Maschinenmodell mit einem Prozessmodell gekoppelt und in einem Wirkungskreis, z.B. nach Bernardi [Bern69], simuliert wird. Dieses Thema ist im Kapitel 2.3.3 detaillierter behandelt.

2.3.2 Modellierung des Zerspanprozesses

Modeling of the Cutting Process

Es existiert eine Vielzahl an verschiedenen Ansätzen zur Berechnung von Zerspankräften bei der Bearbeitung mit geometrisch definierter Schneide, die auf Fräsprozesse anwendbar sind (Bild 2-15). Dazu zählen exponentielle Ansätze, z.B. nach Kienzle [Kien52], mechanistische, z.B. nach Merchant [Merc44], sowie lineare Ansätze, z.B. nach Weck [Weck06b] oder Altintas [Alti00].

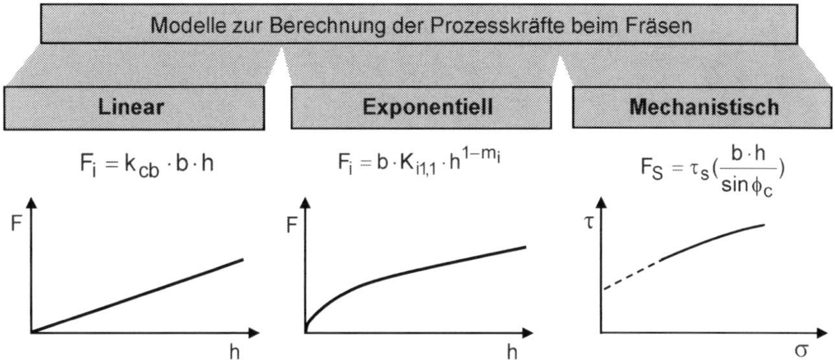

Bild 2-15: Modelle zur Berechnung der Prozesskräfte beim Fräsen

Figure 2-15: Models for the calculation of process forces during milling

In Abhängigkeit der Parameter des Bearbeitungsprozesses, wie z.B. des zu bearbeitenden Werkstoffs, der Schneidengeometrie, des Schnittgeschwindigkeitsbereichs, der Verwendung von Kühlschmierstoffen usw. kann ein passender Ansatz gewählt werden und bei Bedarf mit Hilfe von Bearbeitungsversuchen für den jeweiligen Bearbeitungsfall genau parametriert werden. Für die einspindlige Fräsbearbeitung wurden bereits Modelle für verschiedene Prozessanordnungen ausgearbeitet. Beispielsweise werden in [Feng04], [Oztu07] Fräsprozesse mit Kugelfräsern betrachtet. In [Dacu07], [Degn02] wird ein Kraftmodel für Tauchfräsprozesse dargestellt. Prozesskräfte beim Einsatz von gedrallten Schaftfräsern werden u.a. in [Rivi07] und [Weck06b] untersucht. Die Fünfachs-Fräsbearbeitung wird z.B. in [Oztu07], [Surm06], [Tunc06] betrachtet.

Für Prozesse, bei denen eine genauere Abbildung des aus dem Vorschub resultierenden statischen Kraftanteils gewährleistet werden muss, sind exponentielle Ansätze empfehlenswert [Kien52], [Brec11d]. Für die rechnerische Ermittlung der Prozessstabilität, bei der der dynamische Kraftanteil primär von Interesse ist, konnten lineare

Ansätze mit guten Erfolgen verwendet werden [Alti00], [Beer94], [Kais07], [Weck06b].

Die Prozesskräfte können nicht nur mittels analytischer Modelle sondern auch mit Hilfe der FE-Methoden berechnet werden. Solche Ansätze sind unter anderem in [Hopp03], [Höve08], [Pien06], [Sche06] dargestellt. Eine vergleichende Analyse von Berechnungsverfahren zur Bestimmung der Zerspankraft mittels der FE-Methoden bezüglich deren Anwendbarkeit in verschiedenen Simulationsumgebungen ist in [Fort06] gegeben.

Die Zerspankraftberechnung mit Hilfe der FE-Methode ist allerdings allgemein sehr zeitintensiv, weshalb sie nur bedingt für die Stabilitätssimulation eingesetzt werden kann [Brec09]. Bei der Simulation der doppelspindligen Fräsbearbeitung müssen zwei Zerspanprozesse gleichzeitig abgebildet werden. Da diese eine zeitliche Relation aufweisen können, ist eine entsprechend hohe Simulationstaktrate erforderlich, weshalb mit einem erhöhten Zeitaufwand zu rechnen ist. Daher ist die FE-Berechnung der Zerspankräfte bei der Simulation der doppelspindligen Bearbeitung nur für Sonderanwendungen gerechtfertigt.

2.3.3 Modellierung der Wechselbeeinflussung von Maschine und Prozess

Modeling of the Interactions between The Machine Tool and the Process

Die Zusammenwirkung der Werkzeugmaschine und des Zerspanprozesses während der Bearbeitung kann mittels eines Wirkungskreises abgebildet werden (Bild 2-16).

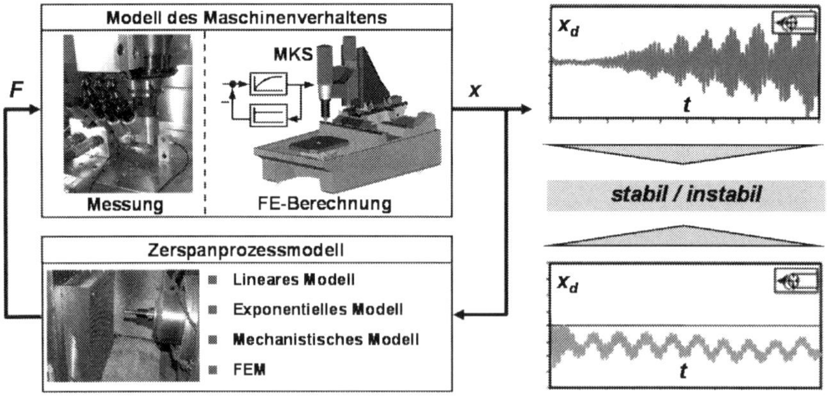

Bild 2-16: Wirkungskreis zur Modellierung von Wechselwirkungen zwischen Maschine und Prozess

Figure 2-16: Interaction loop for modeling of process-machine interactions

In der üblichen Darstellung aus der Fachliteratur werden das Maschinenmodell im Vorwärts- und das Zerspanprozessmodell im Rückwärtszweig platziert.

Das Verhalten des Wirkungskreises während der Fräsbearbeitung kann entweder mittels numerischer Modelle im Zeitbereich simuliert werden oder unter dem Einsatz analytischer Methoden berechnet werden. Bekannte Ansätze befassen sich mit der Berechnung der Prozessstabilität, Vorhersage der Oberflächenbeschaffenheiten nach der Bearbeitung oder der simulativen Ermittlung der Zerspankräfte. In [Alti04], [Brec08], [Brec09] sind die aktuellen Forschungsarbeiten zusammengefasst. Im Weiteren werden die Erkenntnisse für die einspindlige Fräsbearbeitung dargestellt, um die Anwendbarkeitsgrenzen bekannter Simulationsverfahren aufzuzeigen und ein geeignetes Verfahren zur Simulation der doppelspindligen Fräsbearbeitung zu identifizieren.

Analytische Modelle

Analytische Verfahren zur Ermittlung der Prozessstabilität basieren auf mathematischen Methoden zur Stabilitätsanalyse von Wirkungskreisen, denen das Modell des regenerativen Ratterns nach Bernardi zugrunde liegt [Bern69]. Diese Ansätze bestimmen die Prozessstabilität durch die analytische Lösung einer differentiellen Gleichung bzw. eines Gleichungssystems, die das Verhalten des Systems beschreiben. Die charakteristische Gleichung für den in Bild 2-9 dargestellten aufgeschnittenen Wirkungskreis unter Verwendung des linearen Kraftmodells (vgl. Bild 2-15) lautet:

$$G_0(j\omega) = G_g(j\omega) \cdot (e^{-j\omega Tt} - 1) \cdot kcb \cdot b \qquad \text{(Gl. 2.1)}$$

Analytische Ansätze werden zur Modellierung und Analyse von Fräsprozessen verschiedener Anordnung eingesetzt. Die konventionellen einspindligen Fräsprozesse werden z.B. in [Alti95], [Buda06a], [Buda06b], [Step00] betrachtet. Komplexe Prozessanordnungen, wie die fünfachsige Fräsbearbeitung, werden in [Oztu05], [Oztu07], [Tunc06] analysiert. Solche Modelle sind für die Beschreibung von Prozessen mit stark zeitvariablen Zerspankräften, z.B. bei der Bearbeitung mit Fräswerkzeugen mit einer niedrigen Zähnezahl nur bedingt geeignet [Weck06b]. Diese Prozesse können allgemein gültig durch numerische Modelle abgebildet werden.

Numerische Modelle

Numerische Simulationsverfahren im Zeitbereich ermöglichen eine Abbildung von Prozessen mit beliebigen Schneideneingriffsverhältnissen, wie z.B. Kontaktverlust, zeitvariable Zerspankräfte oder Schneideneingriffe mit variabler Totzeit. Dabei wird die Simulation zeitdiskret durchgeführt und das Maschinen- und Prozessverhalten im Zeitbereich simuliert. Diese Modelle werden vielfach für die Untersuchung der Prozessstabilität oder Oberflächenbeschaffenheiten nach der Bearbeitung eingesetzt. Bei der Untersuchung der Prozessstabilität erfolgt deren Bewertung anhand des zeitlichen Verlagerungsamplitudenverlaufs (Bild 2-16, x_d). Klingt die Schwingungsamplitude mit der Zeit ab bzw. bleibt auf einem unveränderten Niveau, dann ist der Prozess stabil. Steigt die Schwingungsamplitude überproportional an, ist der Prozess instabil.

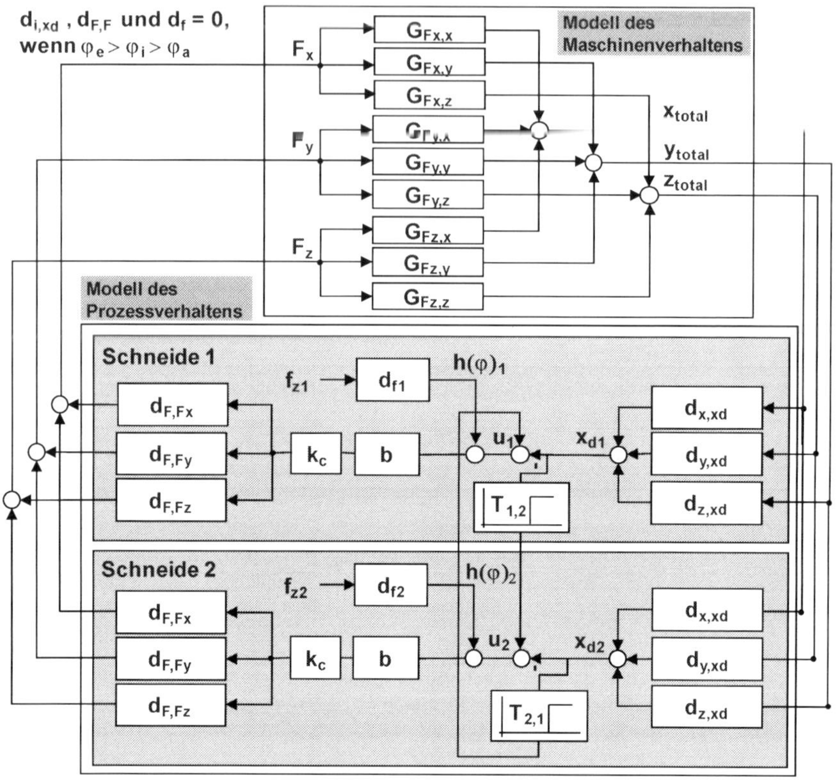

Bild 2-17: Wirkungskreis bei der numerischen Simulation eines einspindligen Fräsprozesses [Weck06b]

Figure 2-17: Control loop for the numerical simulation of a single spindle milling process [Weck06b]

Die Stabilitätssimulation unter dem Einsatz eines analytischen Kraftmodells gekoppelt mit mathematisch nachgebildeten gemessenen dynamischen Nachgiebigkeiten wurde in einer Vielzahl von Forschungsarbeiten erläutert. In [Beer94] wurde die Stabilitätssimulation von Fräsprozessen durchgeführt. Dabei wurde das lineare Kraftmodell nach Weck verwendet. Ein ähnlicher Ansatz wurde in [Kais07] zur rechnerunterstützten Auslegung von Fräsprozessen gewählt. Eine graphische Darstellung des Wirkungskreises, der in den genannten Arbeiten für die Simulation eingesetzt wird, ist in Bild 2-17 dargestellt. Die Prozesskräfte werden an jeder Schneide berechnet, aufsummiert und als Anregungskräfte dem Modell des Maschinenverhaltens zugeführt. Das dynamische Maschinenverhalten liegt in Form von Direkt- und Kreuznachgiebigkeiten in der jeweiligen Koordinatenrichtung vor, die es ermöglichen, die dynamischen Verlagerungen des TCP in X-, Y- und Z-Richtung zu berechnen. Weiterhin werden diese Verlagerungen auf die aktuelle Lage der jeweiligen Schneide projiziert und zur Gesamtverlagerung in Spandickenänderungsrichtung aufsummiert (x_{d1},

x_{d2}). Die effektive Spandickenänderung an jeder Schneide wird als Differenz zwischen der Schneidenverlagerung im letzten und aktuellen Schnitt berechnet. Eine weitere Multiplikation mit linearen Zerspankraftkoeffizienten liefert die Zerspankraft in Spandickenänderungsrichtung. Für die weitere Berechnung der Maschinenverlagerung muss wiederum diese Kraft auf X-, Y- und Z-Richtung projiziert werden. Die Simulation läuft über eine vorgegebene Dauer und liefert zeitliche Verläufe der Zerspankräfte und Maschinenverlagerungen, die z.B. bezüglich der Prozessstabilität ausgewertet werden können.

In [Surm07] wurde die Prozesssimulation zur Vorhersage von Oberflächenbeschaffenheiten nach der Bearbeitung durchgeführt. Dabei wurde ein analytisches Kraftmodell, welches das exponentielle Modell von Kienzle [Kien52] mit einem linearen Modell nach Altintas [Alti00] für die Berechnung der Zerspankräfte kombiniert, verwendet. Das letztere Modell wurde auch in [Kalv05] bei der Modellierung der Wechselwirkungen zwischen Maschine und Prozess eingesetzt.

Diese Arbeiten bestätigen die Anwendbarkeit der numerischen Simulation auf die konventionellen Fräsprozesse in verschiedenen Anordnungen zur Untersuchung der Interaktionen zwischen Maschine und Prozess. Aufgrund der universellen Einsetzbarkeit ist die numerische zeitbasierte Simulation auch für die Untersuchung der doppelspindligen Fräsbearbeitung geeignet, da die Prozesskräfte überwiegend zeitvariabel sind und beide Zerspanprozesse oft eine zeitlich versetzte Eingriffstaktung aufweisen.

Ansätze zur Modellierung von Prozessen mit zeitvariablen Parametern

Ein weiterer Anwendungsbereich für die Modellierung von Wechselwirkungen zwischen Maschinenstruktur und Zerspanprozess besteht in der Untersuchung des Einflusses von zeitvariablen Prozessparametern auf die Stabilität der Fräsbearbeitung. Unter anderem erlaubt die Variation der Spindeldrehzahl die Ratterschwingungen im Prozess zu vermeiden [Stof72]. Auf diesem Gebiet wurden seit der Einführung dieser Methode viele Forschungsarbeiten durchgeführt. Zum Beispiel in [Alre03], [Segu10] und [Zhan09] wurden analytische Ansätze zur Bestimmung optimaler Modulationsfrequenz und Amplitude der periodischen zeitvariablen Drehzahl (vgl. Bild 6-3) ausgearbeitet. In [Alti92] wurde eine numerische Simulation zur rechnerischen Ermittlung der Prozessstabilität eingesetzt. Die Autoren konnten den Einfluss der Drehzahlvariation auf die Betriebsschwingungen untersuchen und eine optimale Parametrierung der Drehzahlmodulation bestimmen. Neben der Verbesserung des Stabilitätsverhaltens unter der optimalen Prozesseinstellung wurde auch ein negativer Einfluss der Drehzahlvariation auf die Stabilitätsgrenze beobachtet, wenn die Frequenz und Amplitude der zeitvariablen Drehzahl nicht optimal parametriert wurden.

Der Ansatz der Stabilitätssteigerung durch eine gezielte Drehzahlvariation bei der einspindligen Fräsbearbeitung hat sich als wirksam bewährt [Stof72], [Alti92]. Die Prozessparametrierung ist allerdings selbst bei einspindligen Prozessen höchst kompliziert und zeitintensiv. Der heutige Stand der Technik lässt vermuten, dass eine Anwendung dieser Optimierungsstrategie auf Doppelspindler zur Erhöhung der Prozessstabilität beitragen kann. Bislang sind jedoch keine Forschungsarbeiten auf diesem Gebiet dokumentiert. Aufgrund von komplexen Wechselwirkungen zwischen den gleichzeitig betriebenen Spindeln ist in der Praxis von einer noch aufwändigeren Prozessparametrierung auszugehen.

2.4 Ansätze zur Modellierung der doppelspindligen Fräsbearbeitung

Approaches for the Modeling of the Parallel Milling

Die doppelspindlige Fräsbearbeitung findet in den aktuellen Forschungsarbeiten relativ wenig Beachtung. Obwohl doppelspindlige Bearbeitungszentren bereits seit nahezu zwei Jahrzehnten eine breite Anwendung in der Industrie finden [Carl97], erschienen erste Ansätze zur Modellierung und Analyse der doppelspindligen Bearbeitung erst im letzten Jahrzehnt. Unter den Pionierarbeiten auf diesem Gebiet ist der Beitrag von Olgac zu nennen, in dem eine analytische Ermittlung des Stabilitätsverhaltens bei der doppelspindligen Fräsbearbeitung dargestellt wurde [Olga05]. Die analytische Berechnung der Stabilität erfolgt mit Hilfe einer charakteristischen Gleichung des gekoppelten Systems Maschine–Fräsprozess, die das reale Maschinen- und Prozessverhalten stark vereinfacht beschreibt. Demzufolge können mit Hilfe dieses Ansatzes weder die realen dynamischen Nachgiebigkeiten noch die doppelspindlerspezifische zeitliche Relation der Zerspanprozesse abgebildet werden, weshalb der Ansatz von Olgac in der Praxis nur bedingt umgesetzt werden kann.

In [Mori10] wurde eine spezielle Prozessanordnung zur doppelspindligen Fräsbearbeitung von dünnwandigen Werkstücken betrachtet. In der analysierten Prozessanordnung wurde ein gegenseitiges Aufheben der Zerspankräfte beobachtet, wodurch Formfehler dünnwandiger Werkstücke minimiert werden konnten. Das entwickelte Modell ermöglicht eine Abbildung der Prozessstabilität bei der Fremderregung aufgrund des unterbrochenen Schnittes beim Fräsen. Das dynamische Verhalten des Systems wurde durch die dynamische Nachgiebigkeit des dünnwandigen Werkstücks abgebildet. Strukturseitige Nachgiebigkeiten wurden dabei vernachlässigt. Dieser Ansatz wurde in [Sham10] weiterentwickelt und zur Modellierung von regenerativen Ratterschwingungen eingesetzt (Bild 2-18). Der Rattereffekt wurde anhand der Summe der Spandickenänderungen an der jeweiligen Seite des Werkstücks modelliert. In diesem Ansatz wurde weiterhin die Bearbeitung eines nachgiebigen Werkstücks betrachtet, dessen Steifigkeit wesentlich geringer ist, als die der Maschinenstruktur, weshalb das dynamische Maschinenverhalten nicht berücksichtigt wurde.

Das Thema der doppelspindligen Fräsbearbeitung von dünnwandigen Werkstücken wird weiterhin in [Oztu10] behandelt. Der Ansatz ermöglicht eine Prozesssimulation im Zeitbereich. Ähnlich wie in Beiträgen von Mori und Shamoto wird das dynamische Nachgiebigkeitsverhalten des Bearbeitungszentrums mit zwei Frässpindeln vernachlässigt, da die Werkstücknachgiebigkeit dynamisch dominant ist. Das strukturelle dynamische Übertragungsverhalten zwischen den Spindeln wird angesichts der dominierenden Werkstücknachgiebigkeit nicht untersucht, sondern die Prozesse werden über das Übertragungsverhalten des Werkstücks gekoppelt. Die messtechnische Ermittlung der dynamischen Nachgiebigkeiten erfolgt in dieser Arbeit mit Hilfe der Impulshammer-Messung an der Werkzeugmaschine im unbelasteten Zustand.

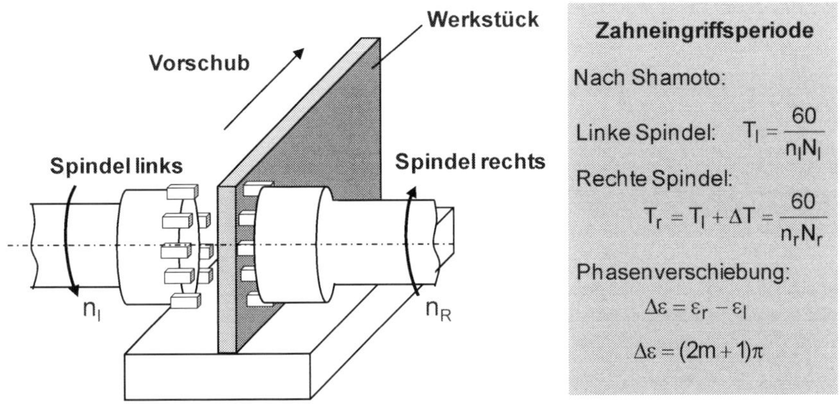

Bild 2-18: Modellierung der doppelspindligen Fräsbearbeitung von dünnwandigen Werkstücken [Sham10]

Figure 2-18: Modeling of parallel milling of thin walled workpieces [Sham10]

Die existierenden Ansätze lassen keine ganzheitliche Modellierung der doppelspindligen Fräsbearbeitung zu, bei der sowohl das dynamische Verhalten der Maschinenstruktur als auch des Zerspanprozesses berücksichtigt werden kann. Die bekannten Forschungsarbeiten setzen konventionelle Methoden zur Ermittlung des dynamischen Nachgiebigkeitsverhaltens von doppelspindligen Fräsmaschinen ein, die keine realistische Belastung der Maschinenstruktur mit statischen und dynamischen Kräften an beiden Spindeln ermöglicht (vgl. Kapitel 2.2.1). Weiterhin ist das Prozessverhalten bei der doppelspindligen Fräsbearbeitung wesentlich komplexer als bei der konventionellen Bearbeitung, da die Zerspanvorgänge in unterschiedlicher zeitlicher Relation ablaufen können. Daher besteht der Bedarf an einem ganzheitlichen Modell der doppelspindligen Bearbeitung, welches sowohl das dynamische Maschinenverhalten als auch das Prozessverhalten realitätsnah abbildet und die simulative Untersuchung der Wechselwirkungen zwischen Maschine und Prozess ermöglicht.

3 Aufgabenstellung und Zielsetzung

Tasks and Objectives

Die doppelspindlige Fräsbearbeitung findet in vielen Branchen der metallverarbeitenden Industrie ihre Anwendung. Sie wird sowohl in der Serien- und Massenproduktion, z.B. in der Automobilindustrie und im Armaturenbau, als auch in der Kleinserienfertigung, z.B. in der Luft- und Raumfahrtindustrie, Groß- und Schwerteilefertigung sowie im Formenbau eingesetzt. Das Verfahren ist nicht nur den technologischen Anforderungen an die Bauteilqualität hinsichtlich der Maßhaltigkeit und Oberflächengüte unterworfen, sondern hat auch eine hohe Zerspanungsproduktivität zu gewährleisten, um die Wirtschaftlichkeit der Produktion zu sichern. Die Produktivität von Doppelspindlern stellt einen besonderen Vorteil dieser Maschinengattung dar. Die in der Maschinenstruktur konstruktiv vorgesehene zweite Spindel ermöglicht theoretisch eine Verdoppelung der Zerspanungsproduktivität im Vergleich zu konventionellen einspindligen Werkzeugmaschinen, da die doppelte Antriebsleistung zur Verfügung steht. Praktisch ist die umsetzbare Antriebsleistung jedoch durch dynamische Instabilitäten des Fräsprozesses oft begrenzt, weshalb die effektive erreichbare Zerspanungsproduktivität nicht das Zweifache eines Einspindlers erreicht. Bei instabilen Fräsprozessen werden die technologischen Anforderungen an die Bauteilqualität in der Regel nicht erreicht. Sie führen zu stärkeren Kraftbelastungen der Maschinenstruktur und zum erhöhten Werkzeugverschleiß. In Extremfällen können Werkzeugbruch und Spindelbeschädigungen die Folge der Prozessinstabilität sein. Zur Vermeidung dieses negativen Effektes wird in der Industrie in der Regel die Zerspanleistung reduziert, was zur Folge hat, dass Doppelspindler nicht voll umfänglich wirtschaftlich ausgenutzt werden können.

Der Stand der Erkenntnisse bietet zahlreiche Ansätze zur praktischen und rechnerischen Ermittlung sowie Optimierung des Stabilitätsverhaltens von konventionellen einspindligen Bearbeitungszentren. Die doppelspindlige Fräsbearbeitung bleibt im Gegensatz dazu nahezu unerforscht. Wissenschaftlich fundierte ganzheitliche Modellierungsansätze existieren nicht. Die bestehenden Arbeiten ermöglichen weder eine realitätsgetreue Ermittlung des dynamischen Nachgiebigkeitsverhaltens noch eine Analyse des Einflusses von doppelspindlerspezifischen Prozesseinstellungen auf die Stabilität der Bearbeitung. Weiterhin fehlt in der heutigen industriellen Praxis eine generelle Kenntnis spezifischer Eigenschaften der doppelspindligen Fräsbearbeitung sowie ein konsequentes Vorgehen zur Prozessoptimierung.

Das Ziel der vorliegenden Arbeit besteht daher in der Entwicklung eines ganzheitlichen Modells, welches die Wechselwirkungen zwischen der doppelspindligen Maschinenstruktur und dem Zerspanprozess simulieren und somit das Stabilitätsverhalten rechnerisch ermitteln lässt. Dazu müssen Modelle des dynamischen Maschinennachgiebigkeits- und Prozessverhaltens erarbeitet werden. Dabei liegt ein besonderer Schwerpunkt dieser Arbeit in der Ermittlung des dynamischen Nachgiebigkeitsverhaltens des Doppelspindlers unter realitätsgetreuer gleichzeitiger zweifacher Kraftbelastung von beiden Spindeln. Das ganzheitliche Simulationsmodell soll eine simulative Untersuchung des Einflusses der Prozesseinstellungen auf die Stabilität der doppelspindligen Fräsbearbeitung ermöglichen. Anhand dieser Untersuchung werden weiterhin prozess- und maschinenseitige Optimierungsmöglichkeiten zur Erhöhung der Prozessstabilität erarbeitet. Der entwickelte Ansatz soll an einem doppelspindligen Bearbeitungszentrum erprobt werden, um die Simulationsergebnisse zu verifizieren.

Als Bestandteil des ganzheitlichen Simulationsmodells wird im Kapitel 4 die Strategie zur messtechnischen Untersuchung des dynamischen Nachgiebigkeitsverhaltens des Doppelspindlers erarbeitet. Im Kapitel 5 wird das numerische Simulationsmodell der doppelspindligen Fräsbearbeitung dargestellt und das Vorgehen bei der Prozesssimulation erklärt. Basierend auf dem dargestellten Modell wird der Ansatz zur Modellierung von drei- und mehrspindligen Fräsbearbeitung dargestellt und analysiert. Kapitel 6 stellt die Simulationsergebnisse dar, die den Einfluss diverser Prozessparameter auf die Prozessstabilität aufzeigen. Die Verifikation der Simulationsergebnisse wird erläutert. Die Analyse der Simulationsergebnisse soll es ermöglichen, die prozessseitigen Einstellungsparameter zur effektiven und möglichst schnellen Optimierung der Prozessstabilität zu identifizieren. Basierend auf den Erkenntnissen aus den vorangehenden Kapiteln, wird im Kapitel 7 ein Verfahren zur Erhöhung der Prozessstabilität dargestellt. Es wird das Gesamtsystem zur rechnergestützten Analyse und Optimierung der doppelspindligen Fräsbearbeitung erläutert. Weiterhin wird auf strukturseitige Stabilitätserhöhungsmöglichkeiten eingegangen. Zur Erweiterung der praktischen Anwendbarkeit der Untersuchungsergebnisse wird ein Ansatz zur automatisierten Bestimmung der optimalen Prozessparametrierung anhand eines Einlernvorganges beschrieben. Mit Hilfe dieses Ansatzes soll ermöglicht werden, das Schwingungsverhalten der Maschinenstruktur in einem beliebigen Bearbeitungsfall messtechnisch zu erfassen und auf Basis der Messung eine optimale Prozessparametrierung zu identifizieren.

Die erarbeiteten Ansätze zur messtechnischen und simulativen Untersuchungen an Doppelspindlern sollen zur Verbesserung des Stabilitätsverhaltens bei der doppelspindligen Fräsbearbeitung beitragen. Außerdem sollen aufwendige Bearbeitungstests zur Ermittlung des Stabilitätsverhaltens doppelspindliger Werkzeugmaschinen durch den Einsatz von Stabilitätssimulationen mit Hilfe des einheitlichen Modells reduziert werden. Die erzielten Erkenntnisse sollen in praxistaugliche Verfahren zur automatisierten Prozessparametrierung umgesetzt werden, die die industrielle Akzeptanz der Forschungsergebnisse unterstützen sollen.

4 Statisches und dynamisches Verhalten von Doppelspindlern

Static and Dynamic Behavior of Parallel Milling Machines

Für die Durchführung der in den folgenden Abschnitten beschriebenen Untersuchungen des dynamischen Nachgiebigkeits- und Stabilitätsverhaltens sowie für die Verifizierung der Simulationsergebnisse mittels der Bearbeitungstests standen zwei vertikale doppelspindlige Bearbeitungszentren mit den dargestellten technischen Daten zur Verfügung (Bild 4-1). Die Untersuchungen an den beiden Maschinen erfolgten im Laufe des Forschungsvorhabens mit einem zeitlichen Versatz bedingt durch die Verfügbarkeit der Versuchsträger.

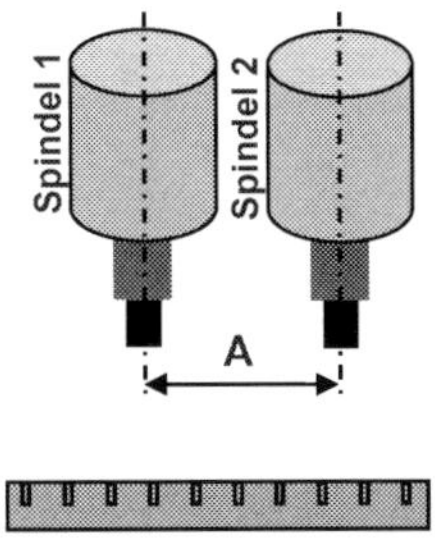

Versuchsmaschine VM1	Versuchsmaschine VM2
Spindelleistung: 2x11 kW	Spindelleistung: 2x14 kW
Max. Spindeldrehzahl: 12000 min^{-1}	Max. Spindeldrehzahl: 15000 min^{-1}
Max. Drehmoment: 70 Nm	Max. Drehmoment: 90 Nm
Spindelabstand A: 250 mm	Spindelabstand A: 400 mm
Verfahrwege [mm]: X550 Y400 Z425	Verfahrwege [mm]: X400 Y400 Z630
Werkzeugschnittstelle: HSK50A	Werkzeugschnittstelle: SK40
Starrer Maschinentisch	Schwenk-Drehmaschinentisch

Bild 4-1: Untersuchte doppelspindlige Bearbeitungszentren

Figure 4-1: Investigated parallel milling machines

Die Bearbeitungszentren weisen einen ähnlichen Aufbau der Spindelseite mit einem unterschiedlichen Spindelabstand auf. Die Werkstücktische beider Maschinen sind unterschiedlich ausgeführt (Bild 4-1). Bei der Maschine 1 handelt es sich um eine Konstruktion mit starrem Maschinentisch. Die Maschine 2 ist mit einem schwenk- und umdrehbaren Tisch ausgestattet. Die verwendeten Versuchsträger ermöglichen eine Untersuchung des dynamischen Verhaltens der heutzutage gängigen Konstruktionen von vertikalen doppelspindligen Bearbeitungszentren, weshalb die Untersuchungsergebnisse auf Doppelspindler allgemein anwendbar sind.

Das dynamische Nachgiebigkeitsverhalten von Doppelspindlern bestimmt das Stabilitätsverhalten im Betrieb. Wie in weiteren Abschnitten gezeigt wird, erfordert eine rechnerische Untersuchung des Stabilitätsverhaltens ein möglichst genaues und realitätsnahes Modell des dynamischen Nachgiebigkeitsverhaltens der Maschinenstruktur. Das Maschinenmodell muss die Reaktion der Maschinenstruktur auf dynamische Kräfte realistisch und quantitativ korrekt abbilden. Dazu muss berücksichtigt werden, dass doppelspindlige Bearbeitungszentren im Betrieb einer gleichzeitigen Anregung der Maschinenstruktur durch Prozesskräfte an beiden Spindeln unterworfen sind. Konstruktionsbedingt verursacht eine Kraftanregung an einem der beiden Tool Center Points (TCP) eine Verlagerung sowohl des angeregten TCP als auch des zweiten TCP, und umgekehrt. Somit entsteht eine gegenseitige dynamische Beeinflussung der Spindeln, die im numerischen Modell der doppelspindligen Fräsbearbeitung abgebildet werden muss. Um einen prozessnahen Belastungszustand der Versuchsmaschine zu erreichen, muss die Maschinenstruktur an beiden TCPs gleichzeitig statisch und dynamisch angeregt werden.

Neben den allgemein gültigen dynamischen Nachgiebigkeiten der Maschinenstruktur ist die Reaktion des Doppelspindlers auf eine phasenversetzte dynamische Kraftanregung von Interesse, da eine solche Strukturbelastung vielfach im Betrieb auftritt. Für die virtuelle Untersuchung der Strukturnachgiebigkeit unter einer zweifachen Kraftanregung mit einer definierten relativen Phasenverschiebung eignet sich die gekoppelte flexible Mehrkörpersimulation (MKS). Die Simulation ermöglicht das Verhalten eines ideal linearen Systems unter zwei ideal gleichen Anregungskräften mit einem definierten Phasenversatz zu berechnen und somit den solitären Einfluss der zweifachen Strukturanregung auf die gesamte dynamische Maschinennachgiebigkeit zu untersuchen. Diese Untersuchung soll das dynamische Maschinenverhalten bei der doppelspindligen Belastung veranschaulichen.

In folgenden Abschnitten wird das statische Verhalten von Doppelspindlern unter konventioneller und doppelspindliger Belastung untersucht. Anschließend wird das Schwingungsverhalten von Doppelspindlern betrachtet und eine geeignete Messstrategie ausgearbeitet, die eine quantitativ richtige Ermittlung der dynamischen Nachgiebigkeiten ermöglicht. Diese Nachgiebigkeitsfrequenzgänge werden im Nachhinein für die Modellierung des dynamischen Maschinenverhaltens bei der Berechnung des Stabilitätsverhaltens eingesetzt.

4.1 Statisches Verhalten unter ein- und doppelspindliger statischer Belastung

Static Machine Tool Behavior under a Single and a Double Static Loading

Die Reaktion der Maschinenstruktur auf eine statische Belastung kann mit Hilfe von Steifigkeitskennlinien dargestellt werden. Die Ermittlung von statischen Kennlinien erfolgt unter Belastung der Maschinenstruktur am TCP mit einer quasistatischen Kraft und gleichzeitiger Erfassung der Verlagerung an einem Punkt in der Nähe der Krafteinleitungsstelle. Die Kraft wird dabei gleichmäßig vom Anfangs- bis zum Endwert erhöht und wieder reduziert. Für die Untersuchung des statischen Verhaltens kann ein hydraulischer Relativerreger sowie eine mechanische Belastungseinheit (Vorspannschraube) verwendet werden. Der Aufbau und die technischen Daten des hydraulischen Relativerregers sind zum Beispiel in [Weck06b] und [Nebe99] ausführlich beschrieben. Das für die im Weiteren beschriebene Untersuchung wichtige Merkmal des hydraulischen Erregers besteht in der niedrigeren Steifigkeit gegenüber der mechanischen Belastungseinheit aufgrund der begrenzten Leistung der Pumpe, die einen konstanten hydraulischen Druck generiert. Die Steuerung des Ölvolumenstroms zum Erregerkolben (vgl. Bild 4-24) erfolgt durch ein Servoventil. Mit Hilfe eines elektrischen Ansteuerungssignals steuert das Servoventil den Volumenstrom zum Erregerkolben und folglich die effektive Verlagerung des Kolbens. Die letztere kann sowohl quasistatisch durch ein konstantes Gleichspannungssignal als auch dynamisch realisiert werden. Bei der Positionierung des Erregers zwischen der Werkstück- und Werkzeugseite führt die Verlagerung des Kolbens zur Erzeugung einer Reaktionskraft. Die absolute Position des Kolbens bei quasistatischer Verlagerung innerhalb des konstruktiv bestimmten Verfahrbereiches ist bei einem gleichen Ansteuerungssignal von der Steifigkeit der Werkzeugmaschine abhängig. Je höher die Maschinensteifigkeit, desto kleiner die Verlagerung des Kolbens beim unveränderten Ansteuerungssignal. Bei nachgiebigen Strukturen erzeugt ein unverändertes Gleichspannungssignal eine niedrigere Vorspannkraft, als bei steifen Strukturen. Folglich kann der hydraulische Relativerreger bei der Untersuchung von Doppelspindlern eine in einem engen Verfahrbereich annähernd konstante Vorspankraft an einer Spindel bei gleichzeitiger Belastung der anderen Spindel gewährleisten. Bei der mechanischen Belastungseinheit handelt es sich um eine Gewindestange, die in der Gewindebohrung eines Abstützelements geführt wird. Zwischen der Gewindestange und der Werkzeugseite der Maschine wird, wie in Bild 4-6 oben links gezeigt, eine Kraftmesszelle positioniert. Die Kraft wird mechanisch zwischen der Werkzeug- und Werkstückseite durch die Drehung der Gewindestange und resultierende Verlagerung erzeugt. Im Vergleich zum hydraulischen Relativerreger ermöglicht die mechanische Belastungseinheit, falls nicht aktiv gesteuert, keine konstante Vorspannung einer der Spindeln bei Belastung der anderen Spindel, da der Verfahrweg der Gewindestange fest durch den Gewindegang vorgegeben ist.

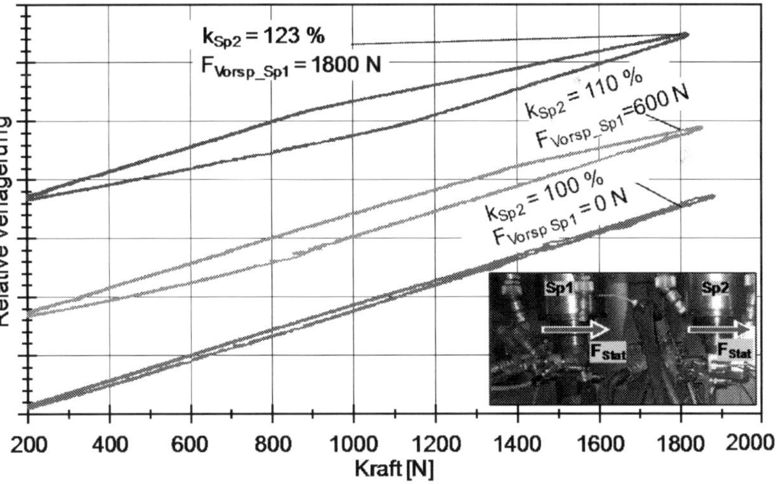

Bild 4-2: Steifigkeitskennlinien eines Doppelspindlers in X-Richtung unter ein- und zweifacher statischer Belastung. VM1

Figure 4-2: Stiffness characteristic curves of a parallel milling machine in X-direction under a single and double static preload. VM1

Bild 4-2 zeigt die statische Steifigkeit der Spindel 2 bei unbelasteter Spindel 1 sowie bei einer gleichzeitigen konstanten Vorspannung der Spindel 1. Die gezeigten Kurven wurden unter dem Einsatz des hydraulischen Relativerregers ermittelt. Die mit der Erhöhung der Systemvorspannung steigende Hysterese ist u.a. auf reibungs- und vorspannungsbedingte Eigenschaftsänderungen in den Erregerschnittstellen zurückzuführen.

Neben der konventionellen Steifigkeitskennlinie sind zwei weitere Kennlinien unter einer Belastung an der ersten Spindel von 600 N und 1800 N aufgeführt. Bild 4-3 zeigt den Kraft- und Verlagerungsverlauf an der Spindel 1 und 2 bei der Messung der statischen Kennlinie unter der Zweitvorspannung von 600 N. Die Vorspanungskraft an der Spindel 1 weist bei der gleichmäßigen Erhöhung und Reduzierung der Kraft an der Spindel 2 einen zeitlich nahezu konstanten Wert auf, obwohl die konstant belastete Spindel durch die an der Spindel 2 wirkende Kraft über den gemeinsamen Spindelkasten nach außen gedrückt wird (Bild 4-4).

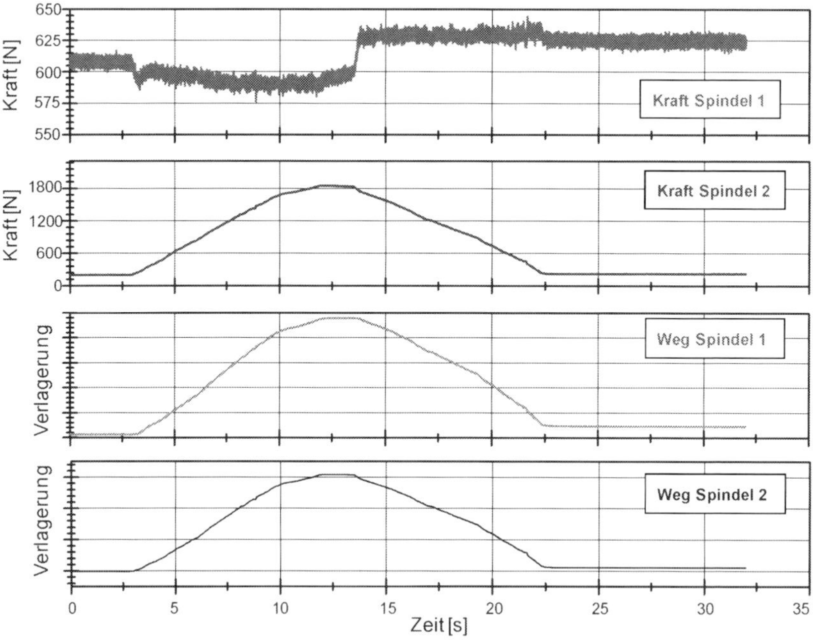

Bild 4-3: Kraft- und Verlagerungssignale bei der Messung von Steifigkeitskennlinien mit Hilfe des hydraulischen Relativerregers. VM1

Figure 4-3: Force and displacement signals during measurement of stiffness characteristic curves by means of hydraulic actuator. VM1

Die unveränderte Vorspannung ist auf das Nachstellverhalten des Erregerkolbens in einem engen Stellwegbereich zurückzuführen. In diesem Stellwegbereich folgt der Erregerkolben bei einem unveränderten Gleichspannungssignal der Servoventilsteuerung der nachgebenden Spindel und erzeugt eine nahezu konstante Kraft. Der generierte Kraftfluss bewirkt ab der Schnittstelle zwischen dem Spindelkasten und dem

Ständer eine doppelte statische Vorspannung der Maschinenstruktur. Die jeweilige Spindel wird weiterhin nur einfach auf Biegung belastet. Die erhöhte Gesamtvorspannung der Maschinenstruktur führt zu einer Steigerung der statischen Steifigkeit an dem jeweiligen TCP. Unter anderem ist die leichte Nichtlinearität auf das Setzverhalten in Fugestellen sowie die Erhöhung der Steifigkeit in Wälzlager und –führungen zurückzuführen. Die Steifigkeit der Lager und Führungen steigt bei zunehmender statischer Vorspannung unter anderem aufgrund der Verformung der Wälzkörper und folglich der Vergrößerung deren Kontaktfläche zur Laufbahn. Wie die in Bild 4-2 dargestellten gemessenen Steifigkeitskennlinien zeigen, beträgt die Steigerung der statischen Steifigkeit an der Spindel 2 bei einer Vorspannung der Spindel 1 mit einer Kraft von 600 N 10% bzw. 23% bei einer Zweitvorspannung von 1800 N.

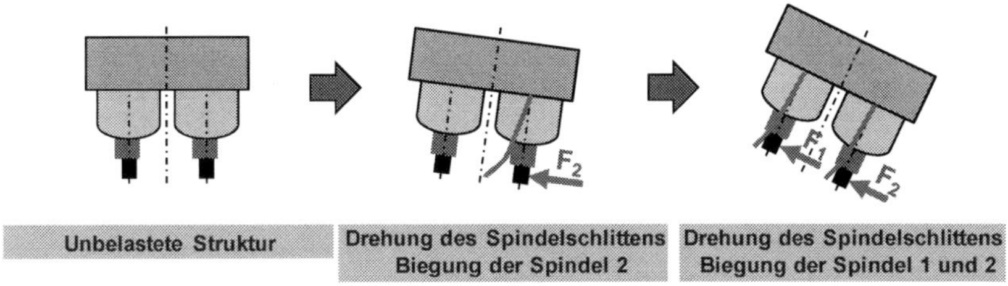

Bild 4-4: Schematische Darstellung der Strukturverformung unter doppelspindliger statischer Belastung

Figure 4-4: Schematic representation of the structural deformation under double spindle static loading

Bei der Untersuchung des statischen Verhaltens des Doppelspindlers VM2 mittels der mechanischen Belastungseinheit in Z-Richtung wurde ebenfalls ein Einfluss der doppelten statischen Vorlast auf resultierende statische Steifigkeit der Maschinenstruktur festgestellt (Bild 4-6). Die Verläufe der zeitlichen Kraft- und Verlagerungssignale sind in Bild 4-5 dargestellt. Es ist zu erkennen, dass die angebrachte konstante Vorspannkraft an der Spindel 2 bei der gleichmäßig steigenden Kraft an der Spindel 1 reduziert wird. Dies ist auf die Entlastung der vorgespannten Spindel zurückzuführen, welche durch die Verschiebung des gemeinsamen Spindelstocks samt Spindel 1 und 2 in vertikaler Richtung durch die an der Spindel 1 wirkende Kraft entsteht. Die Position der Gewindestange der mechanischen Belastungseinheit bleibt dabei unverändert, was zu einem steilen Vorspannkraftabfall führt. Die in Bild 4-6 gezeigten Steifigkeitskennlinien erlauben eine Auswertung der Steifigkeit der Spindel 1, die mit Hilfe der Gleichung (Gl. 4-1) berechnet wird.

$$k_{Sp1} = \frac{F_{max\_Sp1}}{Weg_{max\_Sp1} - Weg_{Anfang\_Sp1}} \qquad \text{(Gl. 4-1)}$$

Weg_{max_Sp1} ist die maximale Verlagerung an der Spindel 1, die bei der maximalen Kraft an der Spindel 1 und minimalen Vorspannkraft an der Spindel 2 beobachtet wird. Weg_{anfang_Sp} ist die Anfangsverlagerung der Spindel 1, die aufgrund der an der Spindel 2 angebrachten Vorspannkraft entsteht.

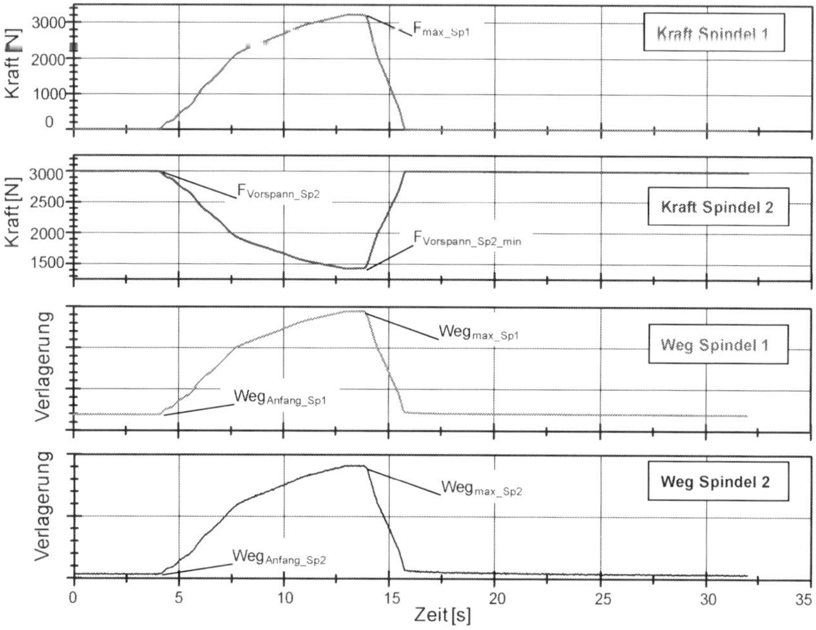

Bild 4-5: Kraft- und Verlagerungssignale bei der Messung von Steifigkeitskennlinien mit Hilfe der mechanischen Belastungseinheit. VM2

Figure 4-5: Force and displacement signals during measurement of stiffness characteristic curves by means of a mechanical loading unit. VM2

Im Vergleich zur Maschinensteifigkeit ohne gleichzeitige Belastung der zweiten Spindel ($F_{VorspSp2}$=0 N) ist eine Steigerung der Maschinensteifigkeit festzustellen. Der Grund für die Steifigkeitserhöhung liegt in der Verspannung der Maschinenschnittstellen außer den Spindeleinheiten. Bei der Belastung in Z-Richtung findet nahezu keine Spindelbiegung statt. Daher wirken sich die Kräfte stärker auf die Maschinenschnittstellen (Lager, Führungen) aus. Bild 4-6 zeigt die direkten Steifigkeiten an der Spindel 1. Im Vergleich zum unbelasteten Zustand der zweiten Spindel steigt die statische Steifigkeit bei einer Anfangsvorspannung der zweiten Spindel mit einer Kraft von 3000 N um den Faktor 1,5.

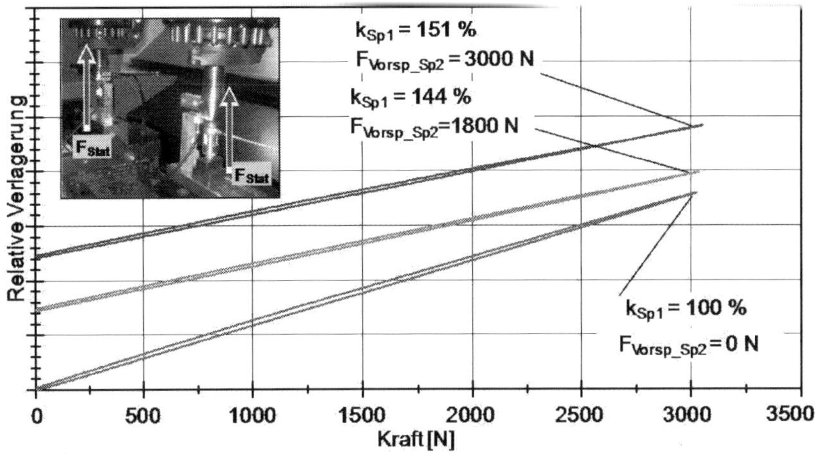

Bild 4-6: Steifigkeitskennlinien eines Doppelspindlers in Z-Richtung unter zweifacher statischer Belastung. VM2

Figure 4-6: Stiffness characteristic curves of a parallel milling machine in Z-direction under a double static loading. VM2

Die Entlastung der vorgespannten Spindel durch die gleichmäßig steigende Kraft an der anderen Spindel weist einen beachtlichen Einfluss auf die sogenannten Übertragungssteifigkeiten auf (vgl. Bild 4-4). Unter der Übertragungssteifigkeit wird die Verlagerung einer Spindel im Bezug auf die an der anderen Spindel wirkende Kraft bezeichnet. Im vorliegenden Beispiel ist die statische Übertragungssteifigkeit das Verhältnis der Verlagerung der konstant vorgespannten TCP zur gleichmäßig variierenden Kraft am anderen TCP, wie durch die Gleichung (Gl. 4-2) beschrieben.

$$k_{Sp12} = \frac{F_{max\_Sp1}}{Weg_{max\_Sp2} - Weg_{Anfang\_Sp2}} \qquad \text{(Gl. 4-2)}$$

In Bild 4-7 ist die direkte und Übertragungssteifigkeit bei unbelasteter zweiter Spindel sowie die Übertragungssteifigkeiten bei einer Anfangsvorspannung der zweiten Spindel von 1800 N und 3000 N dargestellt. Die Übertragungssteifigkeit bei der Vorspannung der Spindel 2 mit 3000 N steigt nahezu um den Faktor 4. Da die Übertragungssteifigkeiten in der Regel wesentlich höher sind, als die direkten statischen Steifigkeiten, wirkt sich die oben erwähnte Entlastung der konstant vorgespannten Spindel stärker aus, als die über den Spindelstock übertragene Verlagerung. Demzufolge weist die am Anfang konstant vorgespannte Spindel eine geringe Verlagerung auf selbst bei hohen Kräften an der anderen Spindel (Bild 4-7).

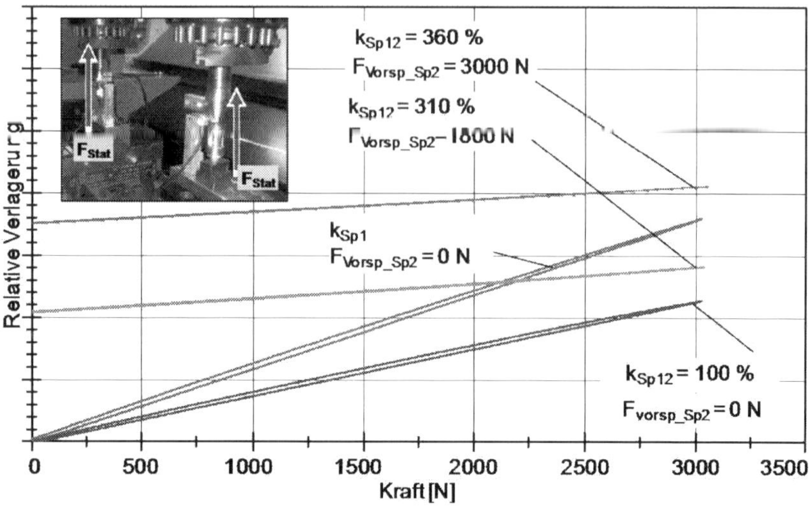

Bild 4-7: Übertragungssteifigkeiten eines Doppelspindlers in Z-Richtung unter ein- und zweifacher statischer Belastung. VM2

Figure 4-7: Transferred stiffness of a parallel milling machine in Z-direction under a single and double static loading. VM2

Das statische Verhalten von Doppelspindlern ist in starkem Maße vom verwendeten Belastungsschema abhängig. Zum einen spielt das leicht nichtlineare elastische Verhalten der Maschinenstruktur sowie die lineare Steifigkeitserhöhung aufgrund der Schnittstellenverspannung für die quantitativ korrekte Ermittlung der statischen Steifigkeit eine bedeutende Rolle. Zum anderen üben unterschiedlich starke Verformungen von einzelnen Maschinenkomponenten bei der Anbringung von statischen Kräften an beiden Spindeln einen starken Einfluss auf die effektive Verlagerung des jeweiligen TCP. Aus diesen Gründen hat die Ermittlung von statischen Steifigkeiten von Doppelspindlern unter Anbringung der Vorspannkräfte an den Spindeln 1 und 2 zu erfolgen, um die im doppelspindligen Betrieb vorliegende Struktursteifigkeit quantitativ korrekt zu bestimmen.

4.2 Konventionelle messtechnische Ermittlung des dynamischen Nachgiebigkeitsverhaltens (SIMO-Verfahren)

Conventional Metrological Ascertainment of the Dynamic Compliance Machine Behavior (SIMO-Method)

Die im Abschnitt 2.1.2 aufgeführten mathematischen Funktionen stellen eine Grundlage für die Messung von Nachgiebigkeitsfrequenzgängen mit einem Erreger dar. Die SISO-Messtechnik ist in der Anordnung mit einer Kraftquelle auch für mehrere Antwortgrößen anwendbar, da jedes Messsignal als eine eindeutige separate Funktion der Anregungskraft betrachtet wird. Die Erweiterung der hier aufgeführten theoretischen Grundlagen auf Messsysteme mit mehreren Anregungsquellen wird im Abschnitt 4.3 behandelt.

4.2.1 Ermittlung des dynamischen Verhaltens im SIMO-Verfahren

Ascertainment of the Dynamic Behavior by Means of SIMO-Method

Die messtechnische Untersuchung des konventionellen dynamischen Verhaltens des Doppelspindlers erfolgt unter Einleitung einer dynamischen Kraft relativ zwischen der Spindel 1 bzw. Spindel 2 und der Werkstückseite. Der Messaufbau ist in Bild 4-8, links, gezeigt. Eine Schwingungsanregung mit einem Relativerreger und Messung der resultierenden Verlagerungen am TCP 1 und 2 ermöglicht eine Untersuchung der sogenannten direkten dynamischen Nachgiebigkeit als auch der Übertragungsnachgiebigkeit (vgl. Bild 4-8, rechts). Die erste beschreibt die dynamische Verlagerung eines TCP als Reaktion auf die angreifende Kraft. Die Übertragungsnachgiebigkeit beschreibt die Verlagerung eines TCP als Reaktion auf einen Kraftangriff am anderen TCP.

Die Relativverlagerung zwischen der jeweiligen Spindel und der Werkstückseite wurde zum einen mittels eines relativ messenden Wegsensors und zum anderem mit Hilfe von absolut messenden Beschleunigungsaufnehmern sowohl auf der Werkzeug- als auch der Werkstückseite gemessen. Bild 4-8 rechts zeigt eine schematische Darstellung der Direktnachgiebigkeit (G_D) und Übertragungsnachgiebigkeit ($G_Ü$) des schwingenden Systems im Bezug auf die an der Spindel 2 angreifende Kraft. Die Ermittlung der dynamischen Direkt- und Übertragungsnachgiebigkeiten an der Spindel 1 erfolgt analog.

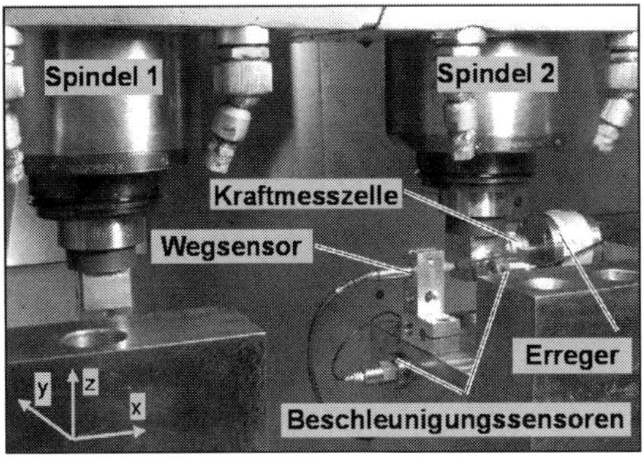

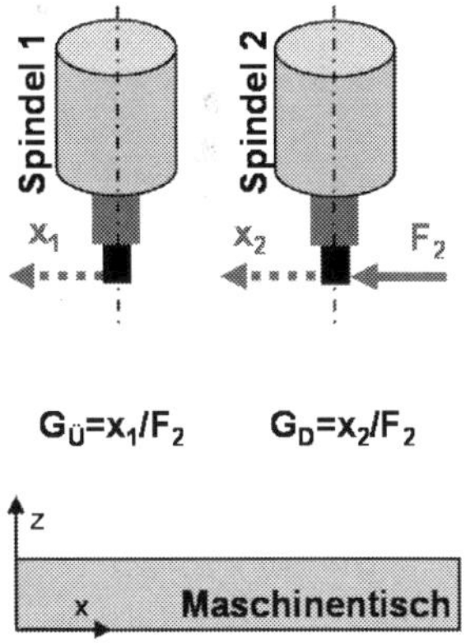

Bild 4-8: Messtechnische Untersuchung mit einem Relativerreger

Figure 4-8: Metrological investigation by means of a relative actuator

Die konventionelle messtechnische Untersuchung lässt Nachgiebigkeitsfrequenzgänge (NFG) am jeweiligen TCP in X-, Y- und Z-Richtung des Maschinenkoordinatensystems ermitteln (Bild 4-9). Den NFG können die Resonanzstellen mit den größten Amplitudenüberhöhungen entnommen werden, die das dynamische Verhalten der Maschine im Betrieb dominieren. Zu jeder Resonanzstelle kann weiterhin mittels der Modalanalyse (vgl. Kapitel 2.1.1) eine Schwingungsform ermittelt werden, die eine strukturseitige Schwingungsursache identifizieren lässt.

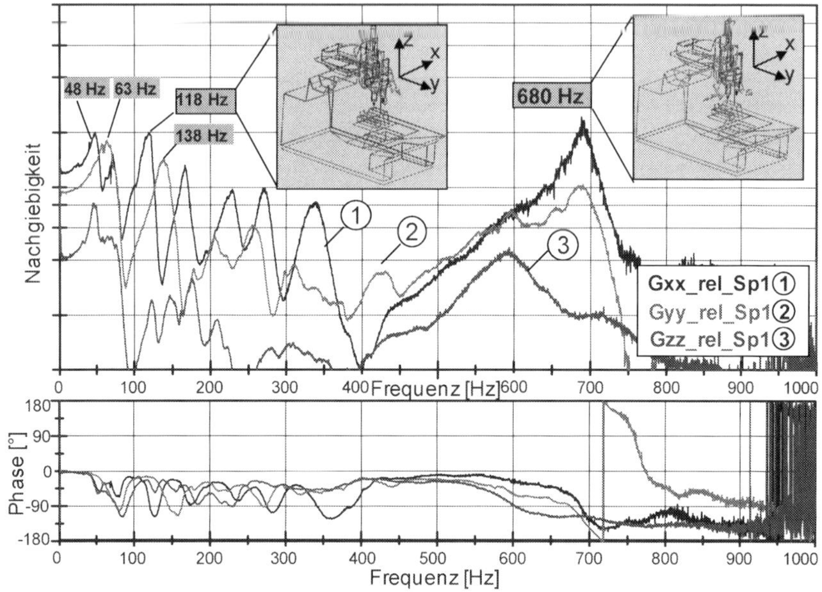

Bild 4-9: Konventionelle Nachgiebigkeitsfrequenzgänge in X-, Y- und Z-Richtung des Maschinenkoordinatensystems. VM1

Figure 4-9: Conventional compliance frequency response functions in X-, Y- and Z-direction of the machine coordinate system. VM1

Die konventionelle Schwingungsmessung muss an jeder Spindel durchgeführt werden, um Direkt- und Übertragungsnachgiebigkeiten der Maschinenstruktur vollständig zu ermitteln. Wechselwirkungen im System sind desto stärker, je größer die Übertragungsnachgiebigkeiten sind. Letztere werden nicht nur durch Steifigkeits- und Dämpfungseigenschaften der im Kraftfluss zwischen den TCP liegenden Komponenten und Schnittstellen bestimmt, sondern auch durch die jeweilige direkte Nachgiebigkeit. Die resultierende Gesamtverlagerung des TCP im Betrieb besteht demzufolge aus dem direkten und übertragenen Anteil.

Der Vergleich der direkten Nachgiebigkeiten an den TCP beider Spindeln des Versuchsträgers zeigt, dass das Nachgiebigkeitsverhalten an der Spindel 1 dem Verhalten an der Spindel 2 nahezu identisch ist (Bild 4-10). Lediglich im Bereich von 150 Hz bis ca. 350 Hz sind leichte Abweichungen festzustellen, die auf die Nachgiebigkeit der Werkstückseite zurückzuführen sind. Diese Unterschiede im Verlauf der NFG sind auf die Lage der jeweiligen Spindel relativ zur Tischmitte zurückzuführen, die aufgrund des festen Abstands zwischen den Spindeln für jede Spindel unterschiedlich ist. Demzufolge resultiert z.B. eine Kippschwingung des Tisches um die Y-Achse der Maschine in unterschiedlich großen dynamischen Verlagerungen der Werkstückseite in der jeweiligen Tischposition, weshalb dynamische Nachgiebigkeiten ebenfalls nicht identisch sind. Die Lage der Messpositionen wird dabei durch die Position der Werkstückspannvorrichtung auf dem Maschinentisch bestimmt.

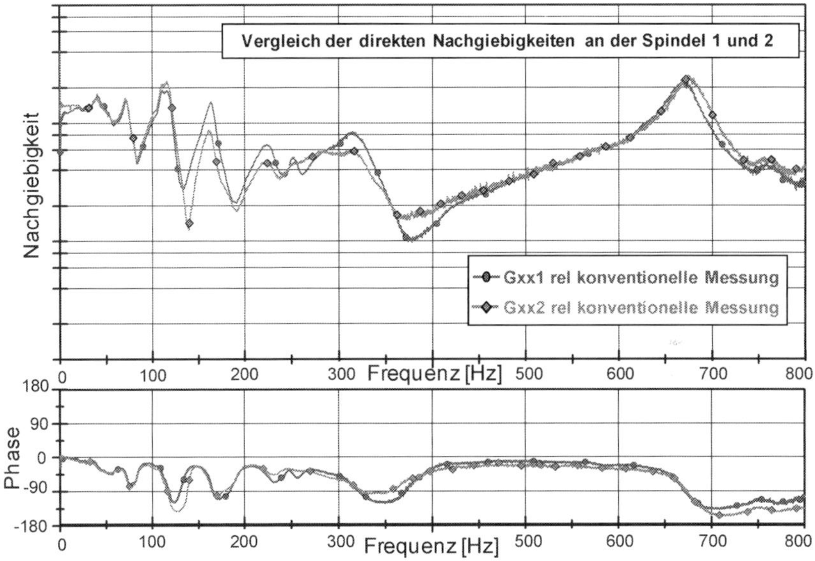

Bild 4-10: Dynamisches Nachgiebigkeitsverhalten der Spindel 1 und 2. VM1

Figure 4-10: Dynamic compliance behavior of the spindle 1 and 2. VM1

Im Gegensatz zu Einspindlern ist bei Doppelspindlern nicht nur die relative Verlagerung zwischen Werkzeug- und Werkstückseite für das dynamische Verhalten im Betrieb relevant, sondern auch die Relativverlagerung zwischen den TCP sowie zwischen den Werkstückaufnahmen. Bild 4-9 zeigt zwei Schwingungsformen in X-Richtung bei 118 Hz und 680 Hz, die eine gleichphasige und gegenphasige Schwingung der Spindeln aufzeigen. Die Schwingungsphase der TCP 1 und 2 kann mittels einer Gegenüberstellung der Direkt- und Übertragungsnachgiebigkeiten dargestellt werden (Bild 4-11).

Wenn die Phasengänge der beiden Nachgiebigkeiten einen gleichen Wert aufweisen, erfolgt die Verlagerung des ersten und zweiten TCP gleichphasig. Bei einer Differenz von $\Delta\varphi=\varphi_D-\varphi_Ü=-180°$ findet die Verlagerung in Gegenphase statt.

Die charakteristischen Eigenformen des Doppelspindlers lassen vermuten, dass das Schwingungsverhalten im Betrieb durch die Relation der jeweiligen Eigenschwingung und der Kraftanregung an der Spindel 1 und 2 bestimmt wird. Das Maschinenverhalten unter einer dynamischen Kraftanregung der Spindel 1 und 2 mit der definierten Phasenverschiebung wird in Kapitel 4.4 und 4.5 untersucht. Davor soll eine Untersuchung des dynamischen Verhaltens des Doppelspindlers unter der Anregung an beiden Spindeln mit stochastischen nicht korrelierenden Kraftsignalen erfolgen, die ein allgemein gültiges dynamisches Verhalten der Maschinenstruktur ermitteln lässt.

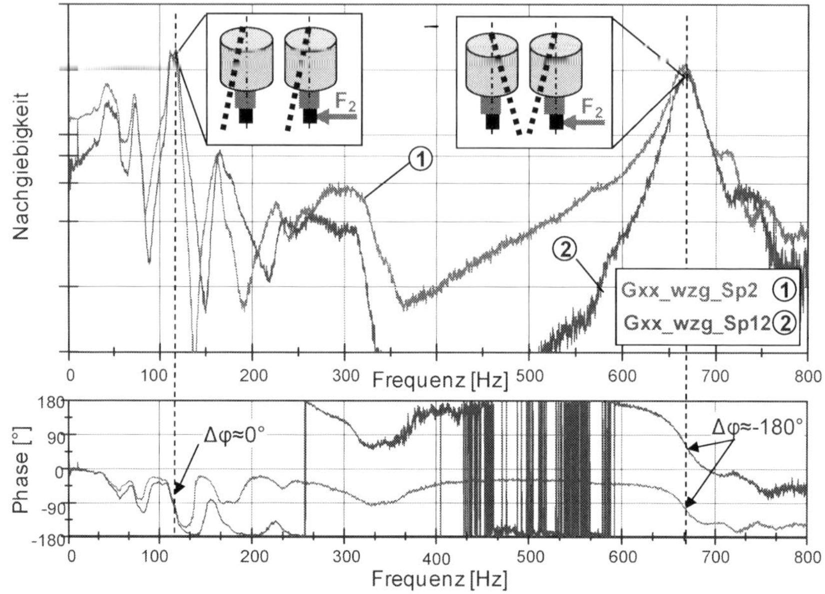

Bild 4-11: Direkt- und Übertragungsnachgiebigkeit in X-Richtung. VM1

Figure 4-11: Direct and transferred compliance in X-direction. VM1

Die Ergebnisse dieser Untersuchung sollen eine Basis für die Modellierung des dynamischen Nachgiebigkeitsverhaltens des Doppelspindlers bei der Simulation des Stabilitätsverhaltens schaffen.

4.2.2 Dynamisches Verhalten unter ein- und doppelspindliger statischer Belastung

Dynamic Machine Behavior under a Single and Double Static Loading

Wie im vorangehenden Abschnitt gezeigt wurde, ist der betriebsnahe Zustand der Maschinenstruktur bei der messtechnischen Ermittlung der statischen Steifigkeiten gegeben, wenn die Maschine an beiden Spindeln mit statischen Kräften beaufschlagt wird. Die statische Vorlast der beiden Spindeln des Doppelspindlers beeinflusst nicht nur das statische Maschinenverhalten, sondern auch die dynamische Nachgiebigkeit der Maschinenstruktur. Unter einer doppelten statischen Vorspannung der beiden Spindeln wird das Maschinensystem versteift, wodurch die Frequenzen und Amplituden vorhandener Resonanzstellen sich ändern. Bild 4-12 stellt eine Gegenüberstellung der konventionellen und der unter einer statischen Vorspannung an jeder der Spindeln gemessenen Nachgiebigkeitsfrequenzgänge dar. Dabei wurde das konventionelle Messverfahren (SIMO) zur Ermittlung von NFG eingesetzt. Für die Belastung der Maschinenstruktur wurden elektrohydraulische Relativerreger verwendet.

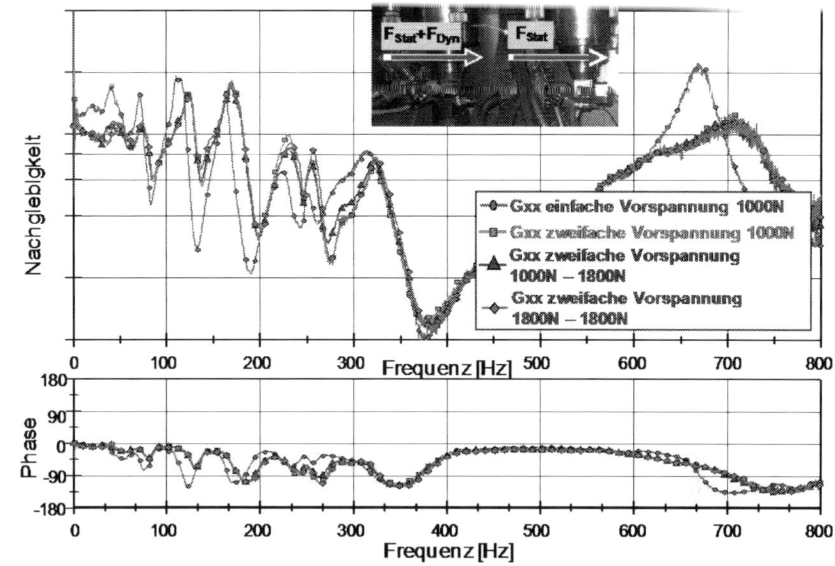

Bild 4-12: Dynamische Nachgiebigkeiten des Doppelspindlers unter ein- und zweifacher statischer Vorspannung. SIMO-Verfahren. VM1

Figure 4-12: Dynamic compliances of a parallel milling machine under a single and double static preload. SIMO-method. VM1

Die Erhöhung der statischen Steifigkeit der Struktur unter der höheren Vorspannung aufgrund von leicht nichtlinearem Maschinenverhalten, das bei der Messung der statischen Kennlinien bereits festgestellt wurde (vgl. Bild 4-2), wird durch die doppelspindlige Strukturbelastung auch bei der NFG-Messung realitätsnah abgebildet. Bei Frequenzen nahe 0 Hz ist eine Reduzierung der Strukturnachgiebigkeit zu beobachten (Bild 4-12). Der Einfluss der zusätzlichen Steifigkeit und Dämpfung des Erregers an der zweiten Spindel sowie des veränderten Kraftflusses auf das dynamische Verhalten der Maschine führt allerdings zur erregerspezifischen Veränderung der dynamischen Nachgiebigkeiten. Die dargestellte Messanordnung entspricht nicht dem realen Betriebszustand beim doppelspindligen Fräsen, weshalb der Messaufbau zusammen mit der SIMO-Methode keine korrekte Abbildung und Analyse des Schwingungszustandes der Maschine im Betrieb ermöglicht. Demzufolge sind für die Ermittlung des dynamischen Verhaltens von Doppelspindler spezielle Mess- und Auswertungsverfahren notwendig, welche es zulassen, die vorhandenen leichten Nichtlinearitäten der Maschine durch eine statische Vorlast an jeder Spindel zu linearisieren sowie die betriebsnahe dynamische Belastung der Struktur zu gewährleisten. Dazu eignet sich das im folgenden Abschnitt beschriebene MIMO-Verfahren zur Ermittlung der NFG.

4.3 Messtechnische Ermittlung des dynamischen Nachgiebigkeitsverhaltens im MIMO-Verfahren

Metrological Ascertainment of the Dynamic Compliance Behavior by Means of MIMO Approach

Die Mehrquellenschwingungsanregung einer Struktur ermöglicht allgemein eine genauere und realitätsgetreuere Abbildung des Schwingungsverhaltens von mechanischen Strukturen im Betrieb, als die konventionellen SISO-Verfahren [Ewin00]. Weiterhin erlauben es die Multiple Input Multiple Output (MIMO) Verfahren doppelte oder wiederholte Schwingungsmoden (Resonanzstellen bei nah beieinander liegenden Frequenzen in unterschiedlichen Raumrichtungen) aufzuzeigen sowie die Untersuchung des dynamischen Verhaltens einer Struktur zeiteffizienter durchzuführen. Ein weiterer wichtiger Vorteil des MIMO-Verfahrens besteht in der Reduzierung des Einflusses von eventuell vorhandenen systematischen Fehlern, die aus einem Erreger resultieren können [Ewin00], [Zave84]. Im Folgenden sind theoretische Grundlagen des MIMO-Verfahrens dargestellt und die Unterschiede zwischen SIMO- und MIMO-Verfahren hervorgehoben.

4.3.1 Theoretische Grundlagen zur Ermittlung von Nachgiebigkeitsfrequenzgängen im MIMO-Verfahren

Theoretical Basics for the Ascertainment of Compliance Frequency Response Functions by Means of the MIMO-Method

Eine Untersuchung des Nachgiebigkeitsverhaltens von doppelspindligen Bearbeitungszentren soll in einer Messanordnung erfolgen, die eine gleichzeitige Beaufschlagung beider Spindeln mit statischen und dynamischen Kräften ermöglicht. Während die Untersuchung des statischen Maschinenverhaltens unter zweifacher statischer Vorspannung der Struktur keine Erweiterung der Auswertestrategie erfordert, ist die Ermittlung von Nachgiebigkeitsfrequenzgängen durch die Mehrquellenanregung mathematisch komplexer als die konventionelle SISO-Untersuchung (vgl. Abschnitt 2.1.2).

Das prinzipielle Schema der Mehrquellenanregung der Maschinenstruktur ist in Bild 4-13 dargestellt. Die Struktur wird einer gleichzeitigen Anregung durch N dynamische Kräfte ausgesetzt und die gesamte Reaktion der Maschine auf die angreifenden Kräfte wird gemessen. Diese Messanordnung ist in der Fachliteratur als MIMO-Verfahren bekannt.

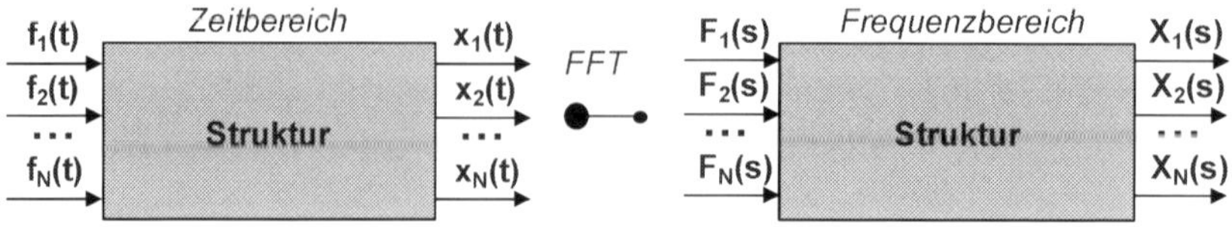

Bild 4-13: Mehrquellenanregung einer Maschinenstruktur

Figure 4-13: Multiple source excitation of a machine sturcture

Zur Durchführung der MIMO-Messung muss eine entsprechende mathematische Beschreibung des mehrfach angeregten schwingenden Systems hergestellt werden. Die mathematischen Grundlagen dafür sind z.B. in [Heyl07] dargestellt. Für die Auswertung von MIMO-Messsignalen muss die konventionelle Gleichung (Gl. 2-1) zur Matrixform umgeformt werden:

$$[X(s)]_{N_O \times 1} = [H(s)]_{N_O x N_I} \cdot [F(s)]_{N_I \times 1} \qquad \text{(Gl. 4-3)}$$

Die Signalauswertung im MIMO-Verfahren kann mit Hilfe der H_1- und H_2-Technik (vgl. 2.1.2) erfolgen. Für die H_1-Technik gilt:

$$[X(s)]_{N_O \times 1} - [\eta_O]_{N_O \times 1} = [H(s)]_{N_O \times N_I} \cdot [F(s)]_{N_I \times 1} \qquad \text{(Gl. 4-4)}$$

Wobei $[\eta_O]$ die Matrix ist, die die unkorrelierten Rauschsignalanteile beinhaltet. Die Multiplikation der Gleichung (Gl. 4-4) mit dem komplex konjugierten Kraftvektor ergibt:

$$[X(s)][\overline{F}(s)] - [\eta_O][\overline{F}(s)] = [H(s)] \cdot [F(s)][\overline{F}(s)] \qquad \text{(Gl. 4-5)}$$

Die H_1-Technik setzt voraus, dass das Eingangssignal vom unkorrelierten Störrauschen frei ist, weshalb der Ausdruck $[\eta_O][\overline{F}(s)]$ gleich Null wird. Somit kann die Übertragungsfunktion nach dem Averaging-Verfahren in folgender Form dargestellt werden:

$$[H_1(s)]_{N_O \times N_I} = [\hat{G}_{XF}]_{N_O \times N_I} [\hat{G}_{FF}]^{-1}_{N_I \times N_I} \qquad \text{(Gl. 4-6)}$$

Gleichung (Gl. 4-6) ist zu entnehmen, dass die Übertragungsfunktionsmatrix nur dann existiert, wann die gemittelte Kraftautopowermatrix eine Inverse besitzt, d.h. die Matrix $[\hat{G}_{FF}]^{-1}_{N_I x N_I}$ nicht singulär ist. Zur Erfüllung dieser Bedingung eignen sich lediglich Eingangssignale, die mit einander nicht korrelieren (vgl. 2.1.2). Die Eingangssignalvektoren müssen demzufolge eine lineare Unabhängigkeit voneinander aufweisen. In der Regel ist diese Bedingung erfüllt, wenn die Anregungssignale stochastischer Natur sind und durch zwei verschiedene Signalgeneratoren generiert werden [Ewin00]. Dabei soll weiterhin das asynchrone Averaging-Verfahren eingesetzt werden, bei dem keine frequenz- und triggergesteuerte Signalaufnahme erfolgt [Heyl07]. Die für die jeweilige Mittelung generierten Kraftsignale dürfen miteinander dabei nicht korrelieren, d.h. zumindest die Phasenlage der Signale muss unterschiedlich sein.

Wenn die H_2-Technik eingesetzt wird, kann ausgehend von der Gleichung (Gl. 4-3) der Störanteil in folgender Form mathematisch berücksichtigt werden:

$$[X(s)]_{N_O \times 1} \cdot [\overline{X}(s)] = [H(s)]_{N_O \times N_I} \cdot \left([F(s)]_{N_I \times 1} \cdot [\overline{X}(s)] + [\eta_I]_{N_I \times 1} \cdot [\overline{X}(s)]\right) \qquad \text{(Gl. 4-7)}$$

Bei der H_2-Technik wird vorausgesetzt, dass das Störrauschen mit dem Ausgangssignal nicht korreliert, sodass der Ausdruck $[\eta_I]_{N_I \times 1} \cdot [\overline{X}(s)]$ gleich Null wird. Somit ergibt sich:

$$[H_2(s)]_{N_O \times N_I} = [\ddot{G}_{XX}]_{N_O \times N_O} [\hat{G}_{FX}]^{-1}_{N_I \times N_O} \qquad \text{(Gl. 4-8)}$$

Für die Lösung der Gleichung (Gl. 4-8) muss die Anzahl an Ausgangsgrößen gleich der Anzahl an Eingangsgrößen sein. Demzufolge wird der Einsatz der H_2 Technik praktisch auf den konventionellen SISO Fall mit einer Eingangskraft beschränkt.

Eine weitere Möglichkeit, den Einfluss von Störsignalen auf das Messergebnis zu reduzieren, bietet die H_V-Technik, die das Störsignal sowohl am Eingangs- als auch am Ausgangssignal berücksichtigt. Für die Berechnung von Übertragungsfunktionen zwischen mehreren Ein- und Ausgangsgrößen nach der H_v-Technik gilt [Heyl07]:

$$[X(s)]_{N_O \times 1} + [\eta_O]_{N_O \times 1} = [H(s)]_{N_O \times N_I} \left([F(s)]_{N_I \times 1} + [\eta_I]_{N_I \times 1}\right) \qquad \text{(Gl. 4-9)}$$

Für ein einziges Ausgangssignal „O" gilt:

$$X(s) + [\eta_O] = H(s)_O([F(s)] + [\eta_I]) \qquad \text{(Gl. 4-10)}$$

Die obere Gleichung kann umgeformt und in einer Matrix-Form dargestellt werden:

$$\begin{bmatrix} ([\bar{F}(s) + [\bar{\eta}_I])([F(s)] + [\eta_I]) & ([\bar{F}(s) + [\bar{\eta}_I])(X(s)_O + \eta_O) \\ (\bar{X}(s)_O + \bar{\eta}_O)([F(s)] + [\eta_I]) & (\bar{X}(s) + \bar{\eta}_O)(X(s) + \eta_O) \end{bmatrix} \cdot \begin{bmatrix} [H_O(s)] \\ -1 \end{bmatrix} = 0 \qquad \text{(Gl. 4-11)}$$

Die Ermittlung von den in der Gleichung (Gl. 4-11) enthaltenen Größen erfolgt mittels des Averaging-Verfahrens. In diesem Fall kann die Gleichung (Gl. 4-11) in Form eines Crosspower Spektrums dargestellt werden:

$$[\hat{G}_{FXFX}] \cdot \begin{bmatrix} [H(s)_O] \\ -1 \end{bmatrix} = 0 \qquad \text{(Gl. 4-12)}$$

Die Lösung dieser Gleichung kann aus der Analogie zum Eigenwertproblem gefunden werden. Das Eigenwertproblem kann nach [Vold85] durch folgende Gleichung dargestellt werden:

$$[\hat{G}_{FXFX}] \cdot [V_g] = \varepsilon_g [V_g] \qquad \text{(Gl. 4-13)}$$

Hier ist $[V_g]$ der modale Vektor und ε_g der Eigenwert. Die Matrix $[\hat{G}_{FXFX}]$ ist singulär, weil die Verlagerung *X* von der angreifenden Kraft *F* abhängig ist. Wenn kein Störsignal vorhanden ist, nimmt der Eigenwert ε_g den Null-Wert an. Demzufolge entspricht der modale Vektor $[V_g]$ dem Vektor $\begin{bmatrix} [H(s)_O] \\ -1 \end{bmatrix}$.

Somit gilt:

$$\begin{bmatrix} H(s)_{O1} \\ H(s)_{O2} \\ \vdots \\ H(s)_{ONi} \end{bmatrix} = \begin{bmatrix} -V_{g_{11}} / V_{g_{(Ni+1)1}} \\ -V_{g_{21}} / V_{g(Ni+1)1} \\ \vdots \\ -V_{g_{Ni1}} / V_{g_{(Ni+1)1}} \end{bmatrix} \quad \text{(Gl. 4-14)}$$

Die in der Gleichung (Gl. 4-14) enthaltenen Übertragungsfunktionen können nur dann berechnet werden, wenn der Eigenwert $Vg_{(Ni+1)1}$ nicht gleich Null ist. Wie in [Heyl07] und [Vold85] gezeigt ist, wird diese Bedingung erfüllt, wenn $\left[\hat{G}_{FF}\right]$ nicht singulär ist. Das bedeutet, dass die Eingangskräfte nicht korrelieren dürfen.

Für die messtechnische Ermittlung der Strukturnachgiebigkeit mittels der MIMO-Untersuchung bedeutet die Bedingung des nicht singulären Autopower Spektrums, dass die Eigenwerte des $\left[\hat{G}_{FF}\right]$ nicht gleich Null sein dürfen. Die Eigenwerte sollen weiterhin annähernd gleiche Größen aufweisen. Zur Überprüfung der Bedingung, dass das Autopower Spektrum nicht singulär ist, eignet sich die konventionelle Kohärenzfunktion zwischen den Eingangskräften. Die Größe der Kohärenz zwischen den Eingangskräften darf nicht den Wert 1 annehmen, da in diesem Fall der Beitrag der jeweiligen Kraft bei einer jeweiligen Resonanzfrequenz mathematisch nicht zuzuordnen ist.

Die konventionelle Kohärenz (Gl. 2-14)-(Gl. 2-15) hat im MIMO-Verfahren keine Aussagekraft, da die Antwort der Struktur den Einfluss sämtlicher relevanter Eingangskräfte beinhaltet.

$$\gamma^2 = \frac{\left|\hat{G}_{FX}\right|^2}{\hat{G}_{FF} \cdot \hat{G}_{XX}} \quad \text{(Gl. 2-14)}$$

In [Alle87] wurde die so genannte mehrfache Kohärenzfunktion vorgeschlagen, die das Maß des Einflusses eines jeweiligen Eingangssignals auf die resultierende Verlagerung beschreibt (Gl. 4-15).

$$m\gamma_O^2 = \sum_{s=1}^{N_i} \sum_{t=1}^{N_i} \frac{H(s)_{OS} \hat{G}_{F_sF_t} \overline{H}_{Ot}}{\hat{G}_{X_OX_O}} \quad \text{(Gl. 4-15)}$$

Die aufgeführten Zusammenhänge für das MIMO-Verfahren zeigen, dass die zugrunde liegende Mathematik von MIMO-Verfahren sich von den konventionellen SISO-Verfahren grundlegend unterscheidet. Die Ermittlung eines MIMO-NFG erfolgt durch die Lösung des Eigenwertproblems und erfordert mindestens zwei Eingangssignale. Die mathematisch bedingten Anforderungen an die Messtechnik sowie das Messprozedere bei der messtechnischen Untersuchung von Werkzeugmaschinen müssen erfüllt werden, um eine korrekte Anwendung dieser Messmethode zu gewährleisten. Das erläuterte MIMO-Verfahren wird weiterhin für die messtechnische Ermittlung von dynamischen Direkt- und Übertragungsnachgiebigkeitsfrequenzgängen an doppelspindligen Bearbeitungszentren eingesetzt. Im folgenden Abschnitt sind die Ergebnisse der Untersuchung des dynamischen Nachgiebigkeitsverhaltens an Doppelspindlern dargestellt.

4.3.2 Ermittlung des dynamischen Verhaltens im MIMO-Verfahren

Ascertainment of the Dynamic Machine Behavior by Means of the MIMO-Method

Bei der Untersuchung des dynamischen Nachgiebigkeitsverhaltens im MIMO-Verfahren enthalten beide unabhängig generierte Kraftsignale an der Spindel 1 und 2 einen dynamischen stochastischen normalverteilten Anteil, der eine unabhängige Strukturanregung an den beiden Spindeln unter der zweifachen statischen Vorspannung ermöglicht. Die zwei direkten NFG und zwei Übertragungs-NFG werden gleichzeitig in einem Messaufbau ermittelt. Bild 4-14 zeigt die direkten Nachgiebigkeitsfrequenzgänge an der Spindel 2, die durch die einspindlige Maschinenanregung mit der einfachen und zweifachen statischen Vorspannung sowie im MIMO-Verfahren ermittelt wurden. Bei der mathematischen Aufbereitung der Messdaten wurde die Hv-Technik eingesetzt (vgl. Abschnitt 4.3.1).

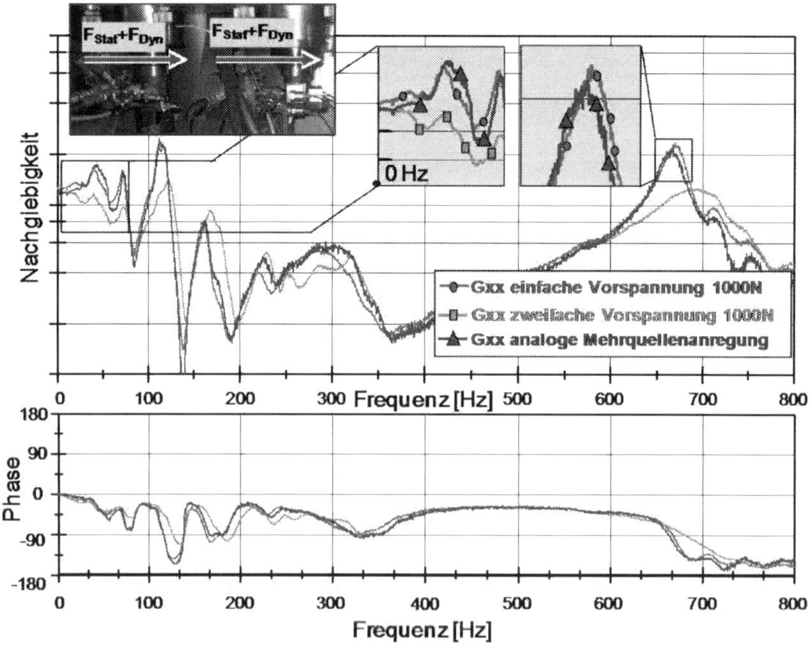

Bild 4-14: Konventionell, unter zweifacher statischer Vorspannung im SIMO-Verfahren und im MIMO-Verfahren gemessene direkte NFG, VM1

Figure 4-14: Measured direct compliance FRF under conventional method, double static preload and SIMO-method and MIMO-method. VM1

Wie Bild 4-14 zu entnehmen ist, ermöglicht eine gleichzeitige Beaufschlagung der Maschinenstruktur an den Arbeitsspindeln mit statischen und dynamischen Kräften eine genauere Ermittlung der statischen Nachgiebigkeit durch den realitätsnahen Vorspannungszustand (vgl. die Nachgiebigkeit bei ca. 0 Hz im vergrößerten Ausschnitt). Die erhöhte statische Strukturbelastung sowie der realistische Kraftfluss durch die zusätzliche Schnittstelle zwischen der zweiten Spindel und der Werkstückseite beeinflusst die Ausprägung einzelner Resonanzstellen im niederfrequenten (bei 45 Hz, 220 Hz) und hochfrequenten Bereich (bei 690 Hz). Im restlichen Verlauf sind die direkten konventionellen und MIMO-Nachgiebigkeiten ähnlich. Die Übertragungs-NFG zeigen im Bereich bis 800 Hz ähnliche Änderungen beim Vergleich der konventionellen und der MIMO-Messungen (Bild 4-15). Als Gxx21 wird der NFG bei der Anregung der Spindel 2 und Messung an der Spindel 1 bezeichnet. Die Resonanzstelle im hochfrequenten Bereich bei ca. 670 Hz wird leicht in Richtung niedrigerer Frequenzen verschoben und die statische Steifigkeit nimmt leicht zu (vgl. Nachgiebigkeiten bei ca. 0 Hz). Zusätzlich treten Unterschiede bei den Resonanzstellen auf, bei denen das direkte Nachgiebigkeitsverhalten der Spindel 1 und 2 nicht exakt übereinstimmt (vgl. Bild 4-10). So weist die Amplitudenüberhöhung bei ca. 160 Hz bei der MIMO-Messung eine niedrigere Amplitude auf, als bei der konventionellen Messung. Unter anderem sind die genannten Unterschiede auf eine schwach ausgeprägte Nichtlinearität des Nachgiebigkeitsverhaltens der versuchstragenden Maschinenstruktur unter statischen Lasten, den Einsatz geeigneter Erreger mit ausreichender Anregungsenergie im gesamten zu untersuchenden Frequenzbereich, realitätsnahen Kraftfluss sowie das eingesetzte MIMO-Auswertungsverfahren zurückzuführen.

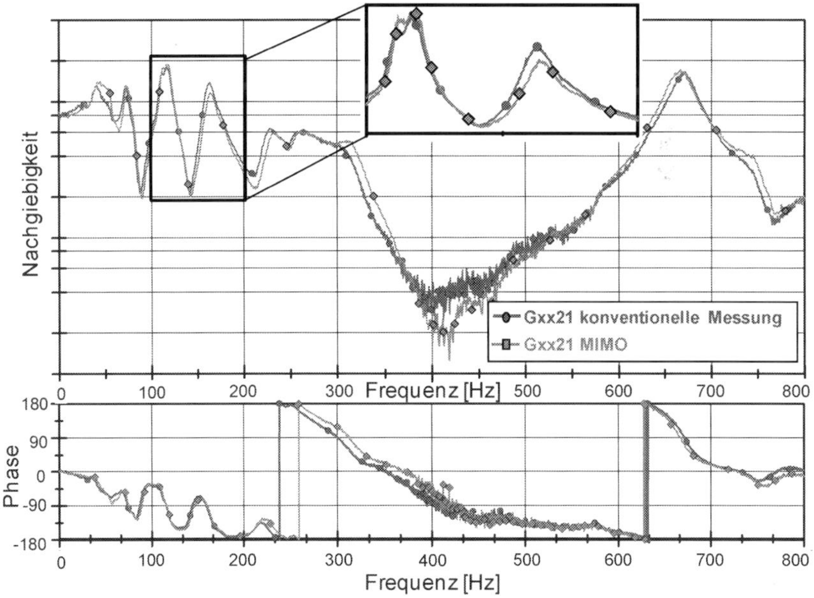

Bild 4-15: Im SIMO- und MIMO-Verfahren gemessene Übertragungs-NFG. VM1

Figure 4-15: Measured transferred FRF by means of SIMO- and MIMO-method. VM1

Die Zuverlässigkeit der ermittelten MIMO-Messergebnisse ist, wie des Weiteren beschrieben, durch die Erfüllung der im Abschnitt 4.3.1 aufgeführten Anforderungen an die Anregungssignale und das Auswertungsprozedere gegeben. Bei Strukturen mit stärker ausgeprägten Nichtlinearitäten im Nachgiebigkeitsverhalten sowie mit deutlicheren Unterschieden im dynamischen Verhalten der Spindel 1 und 2 ist mit deutlicherem Einfluss und folglich größeren Unterschieden in konventionellen und MIMO-ermittelten NFG zu rechnen. Eine Kombination der einspindligen Anregung, doppelspindligen statischen Vorspannung und der MIMO-Auswertung der Messdaten liefert Ergebnisse, die denen bei der konventionellen Auswertung ähneln (vgl. Bild 4-14, zweifache Vorspannung), und ist dementsprechend nicht zielführend.

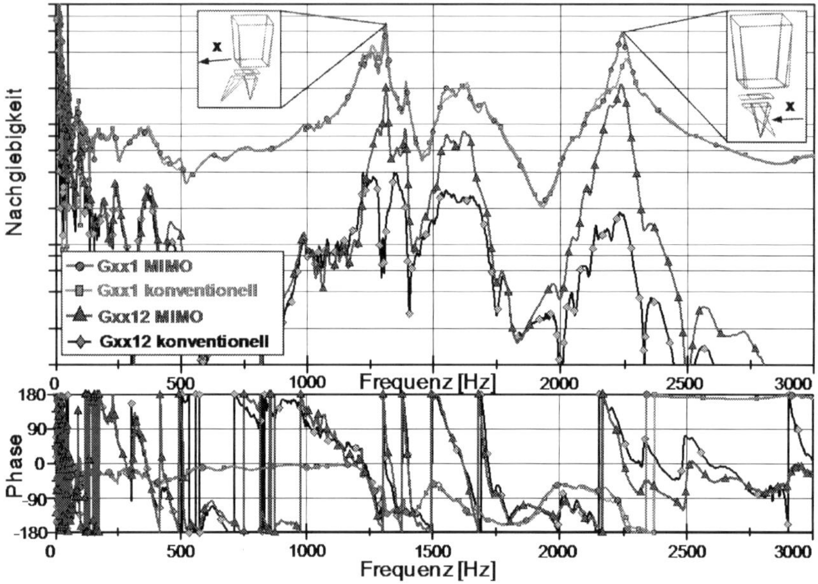

Bild 4-16: Direkte und Übertragungsnachgiebigkeiten im konventionellen und MIMO-Verfahren. VM2

Figure 4-16: Direct and transferred compliance FRF ascertained by means of conventional and MIMO method. VM2

Im hochfrequenten Bereich ermöglicht die höhere statische Vorspannung, Schwingungsenergie und der realistische Kraftfluss bei der Mehrquellenanregung sowie die mathematische Auswertung nach MIMO-Verfahren die Identifizierung von Resonanzstellen, die bei der konventionellen Nachgiebigkeitsfrequenzgangmessung aufgrund geringer Ausprägung unter dem statischen Niveau nicht als beachtliche Amplitudenüberhöhungen wahrnehmbar sind. Weiterhin fällt die Phase des MIMO-NFG steiler ab (vgl. Bild 4-16, Resonanzstelle bei ca. 2200 Hz). Insbesondere weisen die Übertragungsnachgiebigkeiten ein deutlich unterschiedliches Verhalten in den Frequenzbereichen auf, die durch ausgeprägte Resonanzstellen der direkten

Nachgiebigkeiten gekennzeichnet sind. Zum Beispiel die Resonanzstellen bei ca. 1300 Hz, 1600 Hz sowie 2200 Hz (Bild 4-16).

Das dynamische Verhalten am jeweiligen TCP in diesem Frequenzbereich ist durch die Spindel- und Werkzeugbiegung geprägt (Bild 4-16, Eigenformen). Bei der Untersuchung der Übertragungsnachgiebigkeiten zwischen den Spindeln kommt einer realistischen Nachbildung der Kraftflüsse in der Maschinenstruktur sowie einer ausreichenden Schwingungsenergie eine entscheidende Bedeutung zu, da die Lage der Resonanzstellen im hochfrequenten Bereich sowie die Ausprägung derer Amplituden stark durch das Niveau der statischen Vorspannung und den Pegel der Schwingungsenergie beeinflusst wird. Bei der MIMO-Messung von NFG wird der Kraftfluss realitätsgetreu über die Werkstückseite geschlossen. Die hochfrequenten Verlagerungen werden somit zwischen den Spindeln nicht nur über die Werkzeugseite und alle zwischenliegenden Komponente übertragen, sondern auch über den kurzen Weg durch den Maschinentisch und Spannvorrichtungen. Weiterhin ermöglicht die Anregung an der jeweiligen Spindel die Einleitung einer ausreichenden Schwingungsenergie im gesamten zu untersuchenden Frequenzbereich in die Maschine. Es ist zu sehen, dass bei ca. 1300 Hz der konventionell ermittelte Übertragungs-NFG eine hohe dynamische Steifigkeit aufweist, wobei der direkte NFG bei dieser Frequenz eine stark ausgeprägte Amplitudenüberhöhung besitzt (Bild 4-16). Dieses ist ergänzend zu den oben aufgeführten Gründen auf den Anregungsenergieverlust durch eine hohe direkte Nachgiebigkeit am TCP zurückzuführen, weshalb in die restliche Maschinenstruktur unzureichende Schwingungsenergie eingeleitet wird. Wie im Abschnitt 4.3.1 erläutert, liefert die MIMO-Messung der NFG nur dann plausible Ergebnisse, wenn die dynamischen Anregungskräfte miteinander nicht korrelieren. Die Erfüllung dieser Bedingung kann anhand der herkömmlichen Kohärenzfunktion überprüft werden (Gl. 4-16).

$$\gamma(1{,}2) = \frac{|G_{FF}(1{,}2)|^2}{G_{FF}(1{,}1)G_{XX}(2{,}2)} \qquad \text{(Gl. 4-16)}$$

Die messtechnisch ermittelte Kohärenzfunktion ist in Bild 4-17 dargestellt. Die stochastische Anregung der Maschinenstruktur mit unkorrelierten Kräften ist dann gegeben, wenn die Kohärenz zwischen den Anregungskräften kleiner 1,0 ist (vgl. (Gl. 4-16)). Wie Bild 4-17 zu entnehmen ist, liegt die gemessene Kohärenzfunktion im gesamten Frequenzbereich deutlich unterhalb des Wertes 1,0. Die stochastische unkorrelierte Anregung ist somit gewährleistet. Eine gegenseitige Beeinflussung der Anregungskräfte über die Maschinenstruktur ist anhand der steigenden Werte der Kohärenzfunktion im Bereich größerer Amplitudenüberhöhungen in Nachgiebigkeitsfrequenzgängen (vgl. Bild 4-16) zu erkennen. Die Größe der Kohärenz ist allerdings auch bei ausgeprägten Resonanzstellen im zulässigen Bereich (< 1,0), sodass die Kraftautopowermatrix eine Inverse besitzt (vgl. Abschnitt 4.3.1) und die MIMO-NFG berechnet werden können (Gl. 4-9). Eine relativ hohe störungsbehaftete Kohärenz der Anregungskräfte im niederfrequenten Bereich ist auf eine unzureichende Schwingungsenergie der piezoelekrischen Erreger, die in die Maschinenstruktur eingeleitet wird, zurückzuführen. Die vorliegende Messung kann im hochfrequenten Bereich ab ca. 250 Hz ausgewertet werden. Jedoch ist zu berücksichtigen, dass die Korrelation der Kraftsignale an der Spindel 1 und 2 nicht ein ausschließlicher Einflussfaktor ist. Ein zu schwaches Kraftsignal an einer der Spindeln oder an beiden Spindeln hätte beispielsweise ebenfalls eine niedrige Kohärenz der beiden Signale zu Folge. Aufgrund der mehrdeutigen Bewertbarkeit der Kohärenz sollte zur Bewertung der Schwingungsenergie das Autopowerspektrum hinzugezogen werden.

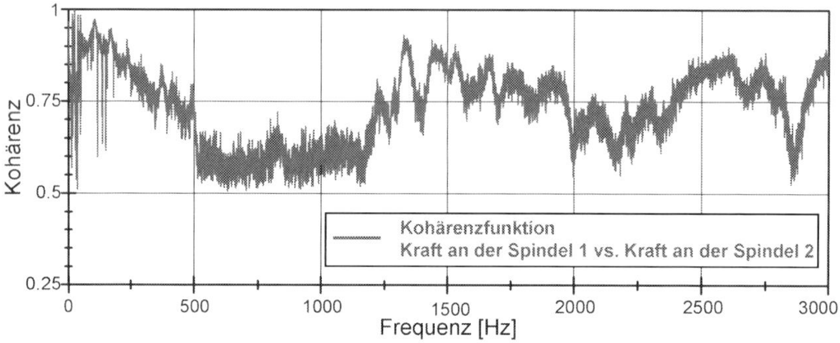

Bild 4-17: Kohärenz der Anregungskräfte an der Spindel 1 und 2 bei der doppelspindligen Schwingungsanregung. VM2

Figure 4-17: Coherence of excitation forces on the spindle 1 and 2 under a parallel vibration excitation. VM2

In Bild 4-18 sind Autopowerspektren der Beschleunigungssignale am TCP 1 dargestellt, die im MIMO-Verfahren unter gleichzeitiger Anregung beider Spindeln und im konventionellen Verfahren unter der Anregung der Spindel 2, wie bei der Messung von Übertragungsnachgiebigkeiten, messtechnisch ermittelt wurden. Die für diese Untersuchung verwendeten piezoelektrischen Erreger weisen prinzipbedingt einen niedrigeren Stellweg auf, weshalb bei der Anregung einer Spindel an der anderen Spindel nahezu keine hochfrequenten Schwingungen im konventionellen Kraftfluss übertragen werden.

Es ist zu erkennen, dass der Leistungspegel bei der Schwingungsmessung im MIMO-Verfahren wesentlich höher ist als bei der konventionellen Untersuchung, da beide Spindeln mit dynamischen Kräften beaufschlagt werden. Deshalb können sämtliche relevanten Resonanzstellen ausreichend angeregt werden und die Übertragungsnachgiebigkeiten, insbesondere im hochfrequenten Bereich, realitätsgetreu bestimmt werden. Die Autopowerspektren an der Spindel 1 und 2 sind identisch, da die dynamischen Nachgiebigkeiten der beiden Spindeln keine nennenswerten Unterschiede aufweisen und die Spindeln gleichzeitig, jedoch mit unkorrelierten Signalen, angeregt werden.

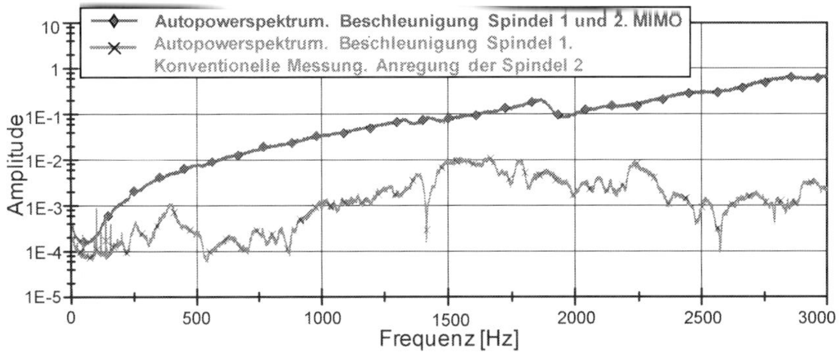

Bild 4-18: Autopowerspektren bei konventionellen und MIMO-Messverfahren. VM2

Figure 4-18: Autopower spectrum in conventional and MIMO measurement method. VM2

Die vorangehend beschriebene messtechnische Untersuchung des Nachgiebigkeitsverhaltens des Doppelspindlers beschäftigte sich mit dem allgemein gültigen betriebsnahen Schwingungszustand der Maschine. Für diese Untersuchung wurde ausschließlich die stochastische Strukturanregung eingesetzt. Im Folgenden Abschnitt wird die simulative Ermittlung der dynamischen Nachgiebigkeiten des Doppelspindlers beschrieben, die eine Untersuchung der Reaktion der Maschinenstruktur auf eine Anregung durch zwei dynamische Kräfte mit einer definierten Phasenverschiebung ermöglicht.

4.4 Simulative Ermittlung des dynamischen Nachgiebigkeitsverhaltens von Doppelspindlern

Simulation of the Dynamic Compliance Behavior of Parallel Milling Machines

Das MIMO-Verfahren ermöglicht es, die betriebsnahen Direkt- und Übertragungsstrukturnachgiebigkeiten messtechnisch zu ermitteln. Die ermittelten Strukturreaktionen gelten für einen allgemeinen Fall der Strukturbelastung durch stochastische Kräfte. Diese dynamischen Nachgiebigkeiten liefern allerdings keine direkte Information darüber, wie ein Doppelspindler auf dynamische Kraftanregung an der Spindel 1 und 2 mit einer definierten Phasenverschiebung reagiert. Das dynamische Maschinenverhalten unter phasenversetzter Anregung ist allerdings relevant für die Untersuchung und Darstellung der Maschinendynamik bei Zerspanprozessen mit zeitlich verschobener Schneideneingriffstaktung an der Spindel 1 und 2. Zur Untersuchung des Einflusses der phasenversetzten Kraftanregung auf das Gesamtnachgiebigkeitsverhalten eines Doppelspindlers soll zuerst simulativ mittels der flexiblen Mehrkörpersimulation erfolgen. Die MKS ermöglicht die Untersuchung des Einflusses des Phasenversatzes auf das dynamische Verhalten eines idealisierten Systems, welches nicht mit vorspannungs- oder reibungsbedingten Nichtlinearitäten oder zeitvariablem Verhalten behaftet ist. Weiterhin erlaubt eine rechnerische Ermittlung der dynamischen Maschinennachgiebigkeiten eine Strukturbeaufschlagung mit idealen

Kraftsignalen der gleichen Amplitude, die einen konstanten Phasenversatz im gesamten zu untersuchenden Frequenzbereich aufweisen.

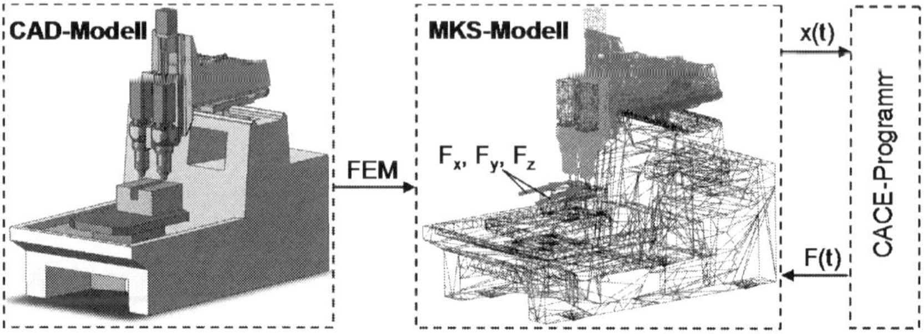

Bild 4-19: Rechnerische Ermittlung des dynamischen Nachgiebigkeitsverhaltens einer doppelspindligen Werkzeugmaschine

Figure 4-19: Simulative ascertainment of the dynamic compliance behavior of a parallel milling machine

Das MKS-Modell ermöglicht es, die Maschinenstruktur mit beliebigen dynamischen Kräften (auch in beliebiger zeitlicher Relation) an den beiden Spindeln zu beaufschlagen und anhand der resultierenden Strukturverlagerung die Nachgiebigkeitsfrequenzgänge zu berechnen. Die Berechnung des dynamischen Verhaltens der Maschinenstruktur erfolgt dabei im Zeitbereich. Dazu wird das strukturmechanische Maschinenmodell mit einem Computer Aided Controls Engineering (CACE) Programm, zum Beispiel Matlab/Simulink®, über eine Schnittstelle gekoppelt, sodass die Kraftgenerierung in der CACE-Umgebung und die Berechnung der Verlagerung im MKS-Modell erfolgen kann (Bild 4-19). Anschließend werden die berechneten Verlagerungen über die Schnittstelle in die CACE-Umgebung übertragen. Die Auswertung der Simulationsergebnisse erfolgt ebenfalls im CACE-Programm.

4.4.1 Simulative Ermittlung des konventionellen Nachgiebigkeitsverhaltens

Simulative Ascertainment of the Conventional Compliance Behavior

Vor Beginn der simulativen Untersuchung des dynamischen Verhaltens der Maschinenstruktur unter gleichzeitiger doppelspindliger Anregung mit Hilfe des MKS-Modells ist ein Abgleich des Modells mit dem Verhalten der realen Maschinenstruktur erforderlich. Dazu wurde die konventionelle Vorgehensweise zur messtechnischen Ermittlung von dynamischen Nachgiebigkeiten der Maschine eingesetzt. Die Messergebnisse wurden anschließend den Berechnungsergebnissen unter einspindliger Strukturanregung gegenübergestellt. Die Vorgehensweise zum Abgleich der Schnittstellenparameter des MKS-Modells ist zum Beispiel in [Nebe99] und [Meid08] erläutert. Die mit Unsicherheit behafteten Dämpfungs- und Steifigkeitskennwerte von Schnittstellen des Maschinenmodells wurden so parametriert, dass eine gute Übereinstimmung der rechnerisch und messtechnisch ermittelten Schwingungsformen erreicht ist.

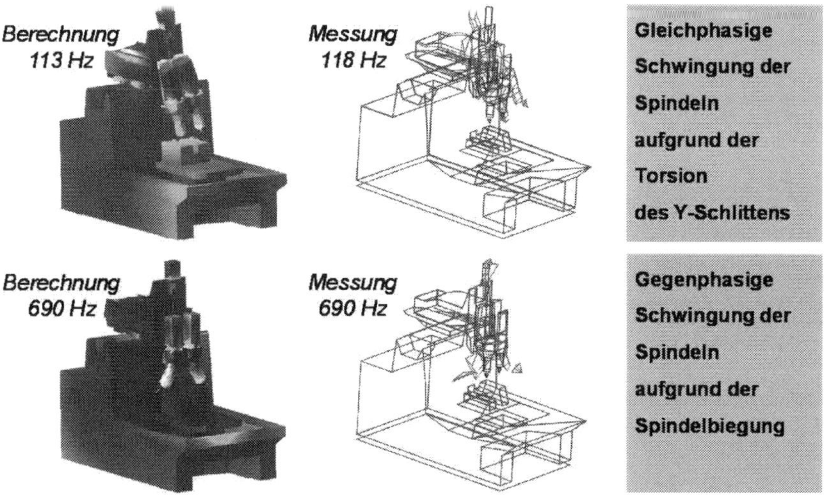

Bild 4-20: Berechnete und gemessene Schwingungsformen. VM1

Figure 4-20: Simulated and measured mode shapes. VM1

Bild 4-20 zeigt berechnete und gemessene Schwingungsformen in den zwei dominanten Resonanzstellen in der X-Richtung des Maschinenkoordinatensystems bei ca. 118 Hz und bei ca. 690 Hz auf.

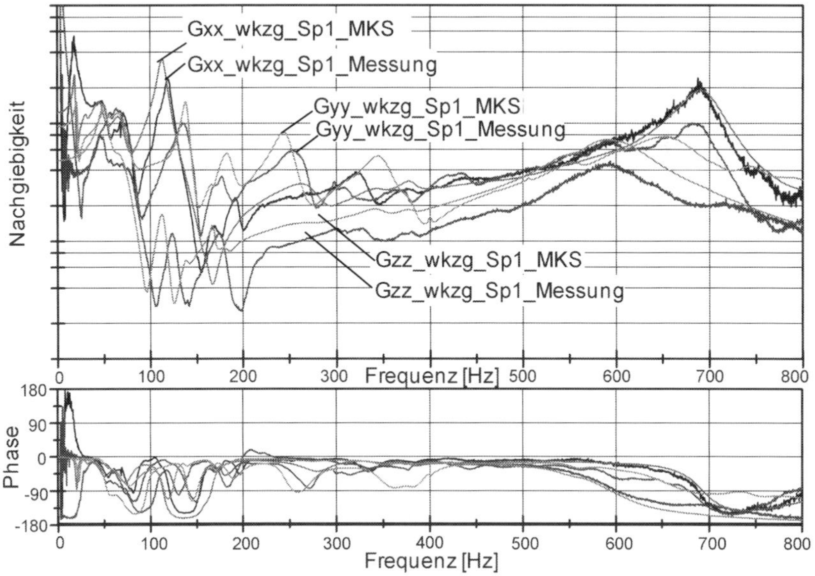

Bild 4-21: Berechnete und gemessene Nachgiebigkeitsfrequenzgänge. VM1

Figure 4-21: Simulated and measured compliace frequency response functions. VM1

Bei der ersten Resonanzstelle handelt es sich um eine phasengleiche Schwingung der Spindeln aufgrund der Torsion des Y-Schlittens und der Drehung des X-Schlittens um die Z-Achse. Die zweite Nachgiebigkeitsstelle ist auf eine gegenphasige Schwingung der Spindeln zurückzuführen, der eine Biegung der Spindeln zugrunde liegt (Bild 4-20). Die Ähnlichkeit der Schwingungsformen bestätigt das Simulationsmodell. Weiterhin kann das quantitative dynamische Nachgiebigkeitsverhalten in Form von Nachgiebigkeitsfrequenzgängen ermittelt werden.

Nach einer weiteren Anpassung der Dämpfungswerte in den Schnitt- und Fügestellen wird eine gute Übereinstimmung der berechneten Nachgiebigkeitsfrequenzgänge mit den Messergebnissen beobachtet (Bild 4-21). Sämtliche wesentlichen Resonanzfrequenzen können in den simulierten NFG wiedergefunden werden. In Bild 4-21 sind die mit Hilfe der Piezoquarz-Beschleunigungssensoren messtechnisch ermittelten werkzeugseitigen NFG den Berechnungsergebnissen gegenübergestellt. Bedingt durch die Aufbereitung des Erregeransteuerungssignals im Bereich ca. 10-850 Hz sowie aufgrund einer Spindeldrehung bei der Messung in X-Richtung sind im niederfrequenten Bereich unwesentliche Störungen in den Messergebnissen vorhanden. Das verifizierte Maschinenmodell wurde im Folgenden für die simulative Untersuchung des Maschinenverhaltens mittels der Mehrquellenanregung eingesetzt.

4.4.2 Simulative Ermittlung des Nachgiebigkeitsverhaltens unter Anregung mit definierter Phasenverschiebung

Simulative Ascertainment of the Machine Compliance Behavior under an Excitation with a Defined Phase Shift

Bei der mehrquelligen Anregung erfolgt die Strukturanregung im betrachteten Fall durch zwei dynamische Kräfte, die eine definierte relative Phasenlage aufweisen. Die dynamischen Nachgiebigkeiten wurden in einem Frequenzbereich von 0 bis 800 Hz ermittelt, in dem die prozessrelevanten Resonanzstellen der betrachteten Versuchsmaschinen liegen.

Eine Mehrquellenanregung der Maschinenstruktur in X-Richtung zeigt, dass es je nach Phasenlage der beiden Anregungskräfte zu einer Verstärkung bzw. Dämpfung einzelner Resonanzstellen kommt. Bild 4-22 zeigt drei Nachgiebigkeitsfrequenzgänge, die unter einer Anregung durch lediglich eine dynamische Kraft, zwei gleichphasige Kräfte an der Spindel 1 und 2 (Phasenversatz $\varphi=0°$) und zwei gegenphasige Kräfte (Phasenversatz $\varphi=180°$) ermittelt wurden. Es ist zu erkennen, dass die Resonanzstelle bei 113 Hz, die auf die phasengleiche Schwingung der Spindeln zurückzuführen ist, bei einer gegenphasigen Anregung nahezu vollständig gedämpft wird. Im Gegensatz dazu wird die Resonanzstelle, der eine gegenphasige Schwingung der Spindeln zugrunde liegt, stärker ausgeprägt. Im statischen Bereich ist bei der gegenphasigen Anregung anstatt einer Reduzierung ein Anstieg der Nachgiebigkeitsamplitude zu sehen. Dieser Anstieg ist auf den Berechnungsalgorithmus im Zeitbereich mittels eines Sweep-Sinus Signals zurückzuführen. Die Phasenverschiebung des Anregungssignals an der zweiten Spindel wurde mittels eines Totzeitglieds abgebildet, welcher bei Beginn der Anregungssimulation bis zum Erreichen des vorgegebenen Versatzes von 180° ein Kraftsignal von 0 N liefert. Bild 4-22 zeigt weiterhin die Änderung der wesentlichen Resonanzstellen bei einer stufenförmigen Änderung des Phasenwinkels zwischen den Anregungskräften von 0 bis 180 Grad mit einer Schrittweite von 20 Grad. Das Maschinenverhalten in Y- und Z-Richtung zeigt ähnliche Abhängigkeiten von der Phasenlage der Anregungskräfte wie in X-Richtung.

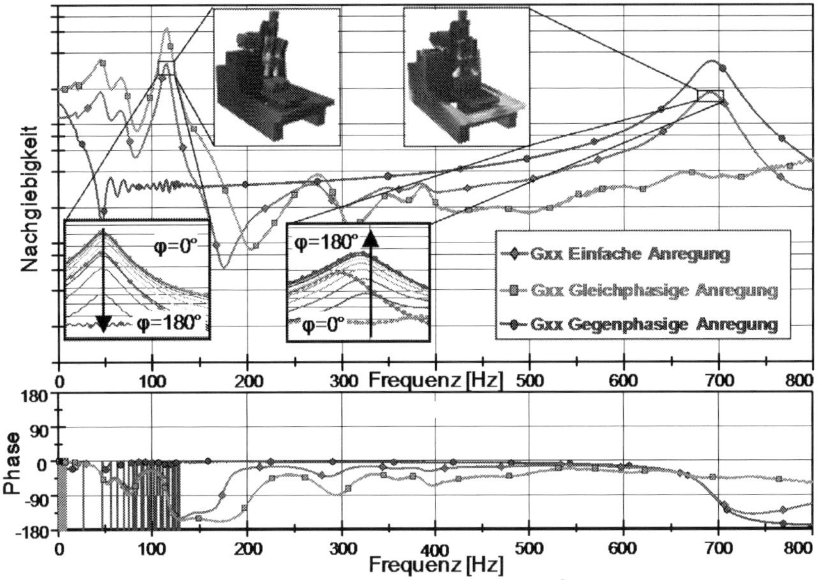

Bild 4-22: Änderung der berechneten dynamischen Strukturnachgiebigkeiten unter der kollinearen Mehrquellenanregung

Figure 4-22: Variation of the simulated dynamic structural compliances under a collinear multiple source excitation

Der Einfluss der gleichzeitig angreifenden Kräfte kann in einem 3D-Kennfeld veranschaulicht werden, welches die ermittelte Abhängigkeit der dynamischen Nachgiebigkeiten der Maschinenstruktur von der Phasenlage der Anregungskräfte darstellt (Bild 4-23). Diese Darstellung gilt für den Fall einer gleichzeitigen Anregung der Maschinenstruktur durch zwei dynamische Kräfte mit einer Phasenverschiebung φ. Die Konstanz der Phasenverschiebung sowie der Kraftamplituden im gesamten Frequenzbereich wird für die Anwendbarkeit dieser Darstellungsform vorausgesetzt.

Die simulative Untersuchung zeigt eine ausgeprägte Abhängigkeit der resultierenden dynamischen Nachgiebigkeiten des idealisierten Doppelspindlers von der Phasenlage der Anregungskräfte. Das Verhalten realer Maschinen ist jedoch Einflüssen unterworfen, die im Mehrkörpersimulationsmodell nicht berücksichtigt sind. Hierzu zählen reibungs- und vorspannungsbedingte Nichtlinearitäten, hysteretische Effekte, nicht identische dynamische Nachgiebigkeiten der Spindel 1 und 2 usw. Zur Überprüfung der Gültigkeit der Simulationsergebnisse müssen daher messtechnische Untersuchungen des dynamischen Verhaltens unter definiert phasenversetzter Kraftanregung an der realen Maschine durchgeführt werden.

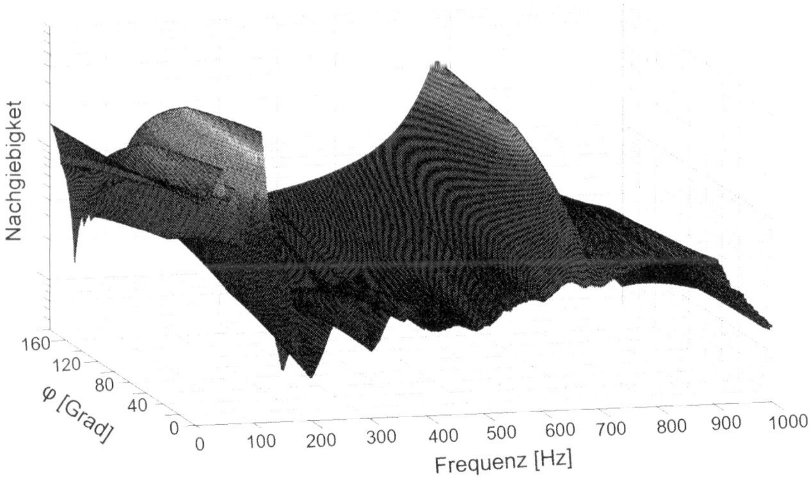

Bild 4-23: Kennfeld der dynamischen Nachgiebigkeit an einer Spindel unter simulierter doppelter Kraftanregung der Maschinenstruktur

Figure 4-23: Characteristic field of dynamic compliance on one spindle under a simulated parallel excitation of the machine structure

Die Ergebnisse der messtechnischen Untersuchung des dynamischen Nachgiebigkeitsverhaltens eines Doppelspindlers unter der phasenversetzten gleichzeitigen Kraftanregung sind im nächsten Abschnitt dargestellt.

4.5 Messtechnische Ermittlung des dynamischen Verhaltens unter Anregung mit definierter Phasenverschiebung

Metrological Ascertainment of the Dynamic Machine Behavior under an Excitation with a Defined Phase Shift

Für die Ermittlung des dynamischen Verhaltens von Doppelspindlern mittels der Anregung der Spindel 1 und 2 mit Kraftsignalen, die eine konstante Phasenverschiebung aufweisen, werden geeignete Erreger und Signalgeneratoren benötigt. Die größte Schwierigkeit der Mehrquellenanregung mit definiert phasenversetzten Kräften ist die Erzeugung der dynamischen Kräfte mit einem konstanten Phasenversatz und identischer Amplitudenverteilung im gesamten zu untersuchenden Frequenzbereich. Diesen Anforderungen entsprechen Erreger und Signalverstärker, die ein identisches Verhalten unter dem gleichen Ansteuerungssignal aufweisen. Dazu müssen die Erreger und Verstärker von der gleichen Bauart und Konfiguration sein.

Für die vorliegende Untersuchung wurden elektrohydraulische und piezoelektrische Erreger verwendet. Der Versuchsaufbau ist in Bild 4-25 dargestellt. Während der Untersuchung wurde festgestellt, dass die elektrohydraulischen Erreger nur begrenzt für die Aufgabe geeignet sind, da das Verhalten von zwei Erregern unter demselben Ansteuerungssignal nur in einem relativ engem Frequenzbereich gleich ist. Dieses ist auf eine Vielzahl von mechanischen Komponenten und Schnittstellen, die ein Erreger konstruktionsbedingt enthält, zurückzuführen (Bild 4-24).

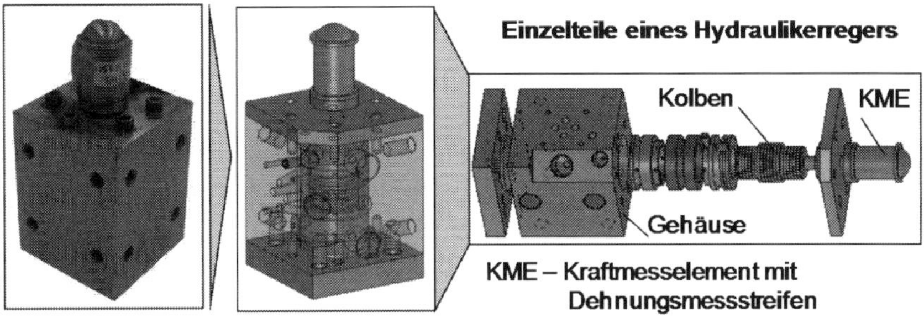

Bild 4-24: Aufbau eines Hydraulikerregers

Figure 4-24: Assembled hydraulic actuator

Teilweise können die relativen Signalabweichungen durch eine Signalaufbereitung beseitigt werden. Die nahezu konstanten Amplituden und Phasenverschiebungen zwischen zwei Kraftsignalen sind allerdings in einem Bereich von 0 Hz bis maximal 100 Hz festzustellen. Im Gegensatz zu elektrohydraulischen Erregern zeigen die piezoelektrischen Erreger eine wesentlich bessere Übereinstimmung in der Reaktion beider Erreger auf das Ansteuerungssignal.

Bild 4-25: Mehrquellenanregung der Maschinenstruktur

Figure 4-25: Multiple source actuation of the machine structure

Eine konstante Phasenverschiebung zwischen den Erregersignalen sowie konstante Amplituden wurden in einem Bereich bis zu 1000 Hz beobachtet. Bei bestimmten Werten der Phasenverschiebung war eine Signalaufbereitung notwendig, um den Soll-Wert der Amplitude bei hohen Frequenzen zu erreichen.

Die Signalerzeugung erfolgte digital, mittels einer Software, die es erlaubt, Sweep Sinus Signale mit einer konstanten Phasenverschiebung im gesamten Frequenzbereich zwischen f_{min} und f_{max} zu erzeugen. Bild 4-26 zeigt eine Ansicht der grafischen Oberfläche mit generierten gegenphasigen Kraftsignalen F_1 und F_2 bei φ=180°. Eine integrierte Signalaufbereitungsfunktion ermöglicht eine Verstärkung des Signals in einem festgelegten Frequenzbereich. Für die Generierung des Sweep Sinus Signals können folgende Gleichungen verwendet werden [Hann08].

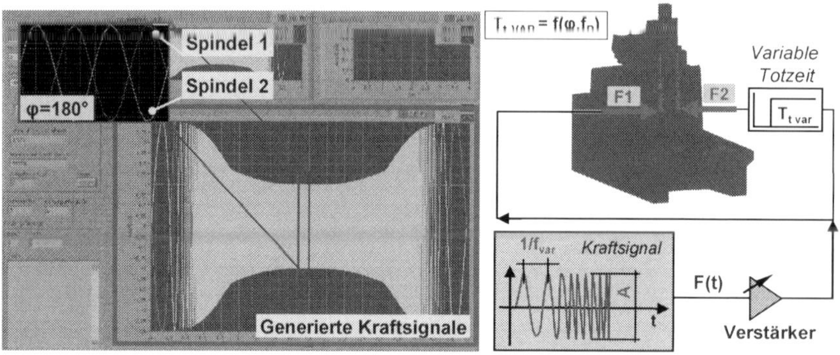

Bild 4-26: Software zur Generierung phasenversetzter Kraftsignale

Figure 4-26: Software for the generation of phase offset force signals

Die zeitabhängige Frequenzfunktion wird wie folgt berechnet:

$$f_t = \frac{1}{2}\left[f_{max} - f_{max} \cos(\pi(1 - \cos(\frac{\pi t}{2T_{sig}}))) \right] \qquad \text{(Gl. 4-17)}$$

Dabei ist t die Zeitvariable und T_{sig} die Signaldauer. Diese Funktion ist weiterhin in die Sweep Sinus Funktion integriert. U_0 ist dabei die maximale Ausgangsspannung.

$$U(t) = \frac{1}{f_t} \cdot \frac{U_0}{2}(1 - \cos(2\pi t \cdot f_t)) \qquad \text{(Gl. 4-18)}$$

Das Kraftsignal an der Spindel 2 wird gleichartig berechnet und anschließend phasenverschoben.

Die mit Hilfe der phasenverschobenen Anregung der Maschinenstruktur ermittelten dynamischen Nachgiebigkeiten bestätigen die vorangegangenen Simulationsergebnisse (vgl. Abschnitt 4.4.2). Bild 4-27 zeigt die Nachgiebigkeitsfrequenzgänge in X-Richtung, die mittels Konventionell- und Mehrquellenanregung ermittelt wurden. Für die Berechnung der NFG wurde die konventionelle SIMO-Vorgehensweise im Hv-Verfahren eingesetzt (vgl. Abschnitt 2.1.2). Als Referenz für die Berechnung dient dabei die dynamische Kraft an der Spindel 1. Betrachtet wurde die Verlagerung an der gleichen Spindel. Eine gleichphasige Anregung (φ=0°) führt zu einem Anstieg der Nachgiebigkeitsamplitude bei den Eigenfrequenzen, denen Eigenschwingungsformen mit einer gleichphasigen dynamischen Verlagerung der TCP zugrunde liegen (Bild 4-27, 50 Hz, 70 Hz, 120 Hz etc.). Die gegenphasige Anregung (φ=180°) verstärkt die Eigenschwingungen, bei denen eine gegenläufige Schwingung der TCP beobachtet wird (Bild 4-27, 270 Hz, 690 Hz). Der Phasenverlauf beider Nachgiebigkeitsfrequenzgänge (bei φ=0° und φ=180°) wird ebenfalls vom Phasenversatz der

Anregungskräfte bestimmt. Die Phase des NFG beim Kraftphasenversatz von φ=180° bleibt bis ca. 160 Hz nahezu unverändert und beträgt ca. 0°. Bei den Resonanzstellen, die durch die Phasenlage der Anregungskräfte verstärkt werden, wird ein stärkerer Phasenabfall beobachtet, als beim originalen NFG (zum Beispiel, bei ca. 120 Hz im NFG bei φ=0° sowie im NFG bei φ=180° bei ca. 270 Hz und bei ca. 700 Hz).

Es wird eine gute Übereinstimmung zwischen Simulation und Messung beobachtet (Bild 4-22, Bild 4-27). Auffällig bei gemessenen NFG ist eine stärker ausgeprägte Amplitudenänderung zwischen den konventionell und mehrquellig ermittelten NFG. Sie ist auf die erregerbedingte Abweichung der generierten Kraftsignalamplituden am TCP 1 und 2 von den Soll-Werten zurückzuführen, die bei der NFG-Berechnung mittels des MKS-Modells mit idealen Kraftsignalen nicht vorhanden ist (vgl. Kap. 4.4.2).

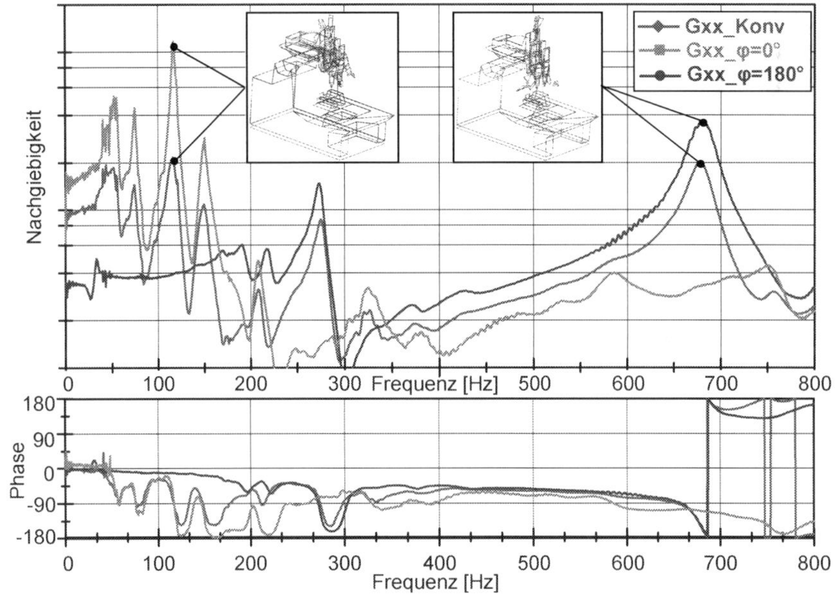

Bild 4-27: Messtechnisch ermittelte Nachgiebigkeitsfrequenzgänge. VM1

Figure 4-27: Metrologically ascertained compliance frequency response functions. VM1

Die konstruktionsbedingte Beeinflussung der effektiven Ausprägung von Resonanzstellen des konventionellen Nachgiebigkeitsfrequenzgangs durch die Phasenverschiebung der Anregungskräfte an der Spindel 1 und 2 ist ein wesentliches doppelspindlerspezifisches Merkmal, das bei der Auslegung von doppelspindligen Fräsprozessen berücksichtigt werden muss. Wie in Kapitel 6 gezeigt wird, ist das Schwingungsverhalten im Betrieb durch Vibrationen bei einer der vorhandenen strukturellen Resonanzstelle geprägt, bei der für die jeweilige Prozessparametrierung die ungünstigste Kombination der Nachgiebigkeitsamplitude und Phase vorliegen (z.B. bei einer Ratterschwingung von 120 Hz wäre im Beispiel in Bild 4-27 eine Phasenverschiebung der Anregungskräfte von φ=0° äußerst ungünstig). Die Anregungsphasenverschiebung im Betrieb hängt von den Prozessparametern, wie z.B. Drehzahl, Zähnezahl des Werkzeugs und Eingriffstaktung der beiden Werkzeuge, sowie von der kritischen Eigenfrequenz ab. Die Untersuchung des Einflusses verschiedener Prozessparameter auf die Prozessstabilität, die die Phasenverschiebung der Anregungskräfte beeinflussen und deshalb zur Variation der dynamischen Gesamtmaschinennachgiebigkeit führen, wird im Kapitel 6 beschrieben.

4.6 Messstrategie zur Untersuchung des dynamischen Verhaltens von Doppelspindlern

A Strategy for the Metrological Investigation of the Dynamic Behavior of Parallel Milling Machines

Die vorangehenden Abschnitte zeigen Besonderheiten des statischen und dynamischen Nachgiebigkeitsverhaltens von Doppelspindlern im Vergleich zu konventionellen Bearbeitungszentren auf. Die Ermittlung des realitätsgetreuen statischen und dynamischen Nachgiebigkeitsverhaltens von Doppelspindlern bedarf einer Messstrategie, die durch ein korrektes Kraftbelastungsschema gekennzeichnet ist. Dazu wurde das MIMO-Verfahren eingesetzt. Die Ergebnisse der MIMO-Untersuchung liefern dynamische und quasistatische Nachgiebigkeiten im betriebsnahen Schwingungszustand der Maschine. Insbesondere im hochfrequenten Bereich ermöglicht die MIMO-Messung eine Ermittlung von Resonanzstellen in den Übertragungsnachgiebigkeiten, die aufgrund unzureichender Schwingungsenergie sowie des nicht realistischen Belastungsschemas der konventionellen Messmethoden nicht ermittelt werden können. Weiterhin ermöglicht das MIMO-Verfahren eine realitätskonforme Linearisierung der reibungs- und vorspannungsbedingten Nichtlinearitäten im elastischen Maschinenverhalten, die insbesondere bei der Untersuchung von Werkzeugmaschinen mit ausgeprägter Abhängigkeit der Struktursteifigkeit von der statischen Vorlast zur höheren Genauigkeit der ermittelten Nachgiebigkeiten führt. Dabei müssen die im Abschnitt 4.3.1 aufgeführten Anforderungen an die Anregungskräfte beachtet werden.

Die im Rahmen der vorliegenden Arbeit durchgeführte Untersuchung des statischen und dynamischen Nachgiebigkeitsverhaltens bezweckte eine möglichst hohe Genauigkeit, um das Maschinenverhalten bei der nachfolgenden Stabilitätssimulation realitätsgetreu abzubilden. Aus diesem Grund wurde die MIMO-Vorgehensweise bei der Ermittlung von dynamischen Nachgiebigkeiten eingesetzt. Die messtechnische Untersuchung des dynamischen Nachgiebigkeitsverhaltens von Doppelspindlern zum Zweck einer weiteren rechnergestützten Prozessauslegung soll allgemein mittels der MIMO-Messstrategie erfolgen, um eine ausreichende Simulationsgenauigkeit zu gewährleisten. Wie im Abschnitt 7.4 am Beispiel eines doppelspindligen Fräsprozesses gezeigt wird, ermöglicht der Einsatz der MIMO-Messstrategie eine wesentlich genauere Berechnung der Stabilitätskarte als die konventionelle Messvorgehensweise. Insbesondere bei den Prozessen mit Ratterfrequenzen im hochfrequenten Bereich ist die Anwendung der MIMO-Messung zwingend erforderlich, um die Übertragungsnachgiebigkeiten realitätsgetreu zu ermitteln. Wenn die messtechnische Untersuchung allerdings einer allgemeinen Ermittlung des statischen und dynamischen Nachgiebigkeitsverhaltens dient, die Maschinenstruktur nur ein schwach ausgeprägtes nichtlineares Nachgiebigkeitsverhalten aufweist und die Anforderungen an die quantitative Genauigkeit der Messung die Unsicherheiten des konventionellen Verfahrens zulassen, kann auf die NFG-Messung mittels des MIMO-Verfahrens verzichtet werden. Die Ermittlung von allgemein gültigen Eigenschwingungsformen kann ebenfalls mittels der konventionellen Modalanalyse mit einer einfachen räumlichen Anregung erfolgen.

5 Modellierung und Simulation des doppelspindligen Fräsprozesses

Modeling and Simulation of the Parallel Milling Process

Der heutige Stand der Technik bietet zahlreiche Ansätze zur Stabilitätsanalyse der Fräsbearbeitung. Eine umfassende Übersicht ist in [Alti04] und [Brec09] gegeben. Es existiert allerdings kein allgemein verwendbarer Ansatz zur Modellierung und Simulation der doppelspindligen Fräsbearbeitung, der sowohl das dynamische Strukturverhalten als auch das Prozessverhalten korrekt abbildet. In diesem Kapitel wird das ganzheitliche Modell der doppelspindligen Fräsbearbeitung beschrieben, das eine zeitbasierte Simulation der Wechselwirkungen zwischen Maschine und Prozess unter Berücksichtigung aller wesentlichen Einflussgrößen ermöglicht. Dazu zählen das Struktur- und Prozessverhalten, die das dynamische Verhalten des Doppelspindlers im Betrieb bestimmen. Die zeitbasierte Simulation ermöglicht eine Abbildung von Prozessen sowohl mit einer zeitgleichen Schneideneingriffsabfolge an den beiden Spindeln als auch von Prozessen mit einer beliebigen zeitlichen Relation.

Das dynamische Last-Verformungsverhalten der Maschine wird anhand der messtechnisch ermittelten und anschließend mathematisch nachgebildeten Nachgiebigkeitsfrequenzgänge modelliert. Das Prozessverhalten wird, basierend auf dem Ansatz von Weck (Kapitel 2.3.2), durch ein analytisches lineares Kraftmodell modelliert, das die dynamischen Prozesskräfte als Funktion der dynamischen Spandickenänderung berechnet. Die Modelle des dynamischen Maschinen- und Prozessverhaltens bilden einen geschlossenen Wirkungskreis, der eine zeitliche Simulation ermöglicht. Die zeitlichen Verläufe der Verlagerungen der beiden TCP sowie der dynamischen Kräfte an der Spindel 1 und 2 erlauben eine Stabilitätsbewertung in verschiedenen Prozessanordnungen. In den folgenden Abschnitten ist das Gesamtmodell sowie die Untermodelle detailliert beschrieben.

5.1 Geschlossener Wirkungskreis und Gesamtmodell der doppelspindligen Fräsbearbeitung

Closed Interaction Loop and the Holistic Model of the Parallel Milling

Das Modell der doppelspindligen Fräsbearbeitung wird in Form eines Wirkungskreises, bestehend aus Modellen des Maschinen- und Prozessverhaltens, dargestellt. Im prinzipiellen Aufbau entspricht das Modell zwar dem Ratterwirkungskreis beim konventionellen einspindligen Fräsen (vgl. Bild 2-17), ist jedoch um weitere Einflussparameter und Übertragungsfunktionen, die die Wechselbeeinflussung der beiden Spindeln während der Zerspanung abbilden, erweitert (Bild 5-1).

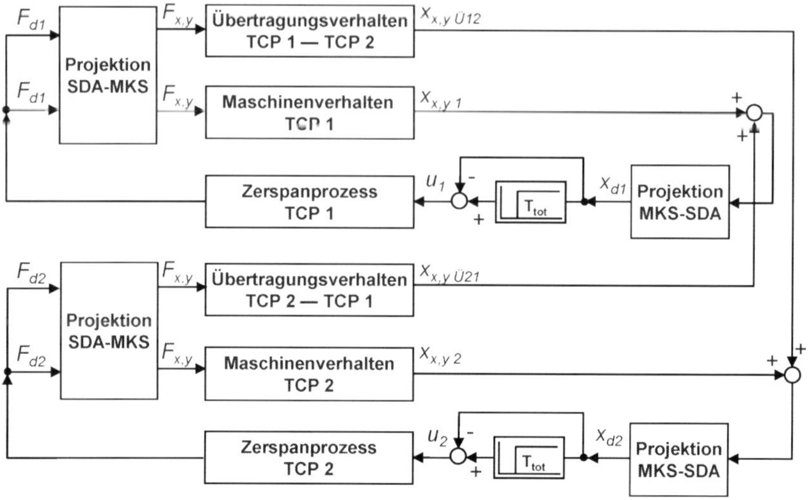

MKS	Maschinenkoordinatensystem	$F_{x,y}$	Kraft in X- und Y-Richtung des MKS
SDA	Spandickenänderungsrichtung	$x_{x,y}$	Verlagerung in X- und Y-Richtung des MKS
F_d	Kraft in SDA	$x_{x,yÜ12/21}$	Verlagerung der Spindel 2 / 1 in X- und Y-Richtung des MKS auf Grund der Anregung der Spindel 1 / 2
x_d	Verlagerung in SDA		

Bild 5-1 Wirkungskreis der doppelspindligen Fräsbearbeitung

Figure 5-1: Interaction loop of parallel milling

Die Gesamtverlagerung eines der beiden TCP des Doppelspindlers besteht aus einem Anteil, der aus der direkten Nachgiebigkeit resultiert, und einem weiteren Anteil, der von der Gegenspindel übertragen wird. Der Wirkungskreis ist dementsprechend um die Elemente, die das Übertragungsverhalten zwischen Spindeln beschreiben, erweitert. Der vorliegende Modellaufbau ermöglicht die korrekte Abbildung des dynamischen Nachgiebigkeitsverhaltens von Doppelspindlern, wie es weiterhin noch detaillierter dargestellt wird, auch unter zeitlich versetzter Kraftanregung an den Spindeln. Dabei wird berücksichtigt, dass die Gesamtnachgiebigkeit von Doppelspindlern, wie im Kapitel 4 dargelegt, von der Phasenlage und Amplitude der angreifenden Kräfte abhängt. Die Gesamtverlagerung wird dem Zerspanprozessmodell zugeführt, welches die dynamischen Kräfte als eine Funktion der Spandickenänderung berechnet. Das Zerspanprozessmodell liefert Kräfte in die Spandickenänderungsrichtung, weswegen eine Koordinatentransformation in jedem Simulationsschritt vorgenommen werden muss, um die dynamische Verlagerung des jeweiligen TCP im Maschinenkoordinatensystem auf die Spandickenänderungsrichtung zu projizieren. Da bei der doppelspindligen Fräsbearbeitung zwei Zerspankräfte vorhanden sind, die in einer beliebigen zeitlichen Relation zueinander stehen können, ermöglicht das Zerspanprozessmodell die Simulation einer unabhängigen Schneideneingriffstaktung an der Spindel 1 und 2.

Zur Parametrierung von Untermodellen, die den Wirkungskreis zur Durchführung der Stabilitätssimulation bilden, wird die Beschreibung der Strukturdynamik in Form von NFG sowie die Prozesseigenschaften benötigt. Die dynamischen Nachgiebigkeiten des Doppelspindlers werden mit Hilfe des MIMO-Verfahrens bestimmt. Die Prozessparameter, z.B. die jeweilige Drehzahl n und Schneidenwinkelposition (SWP), werden für die jeweilige technologische Aufgabestellung vorgegeben. Der Wirkungskreis bildet das Gesamtmodell der doppelspindligen Fräsbearbeitung ab und ermöglicht die Simulation des Verhaltens von Doppelspindlern im Betrieb sowie die Untersuchung der maschinen- und prozessseitigen Einflüsse auf das Stabilitätsverhalten (Bild 5-2).

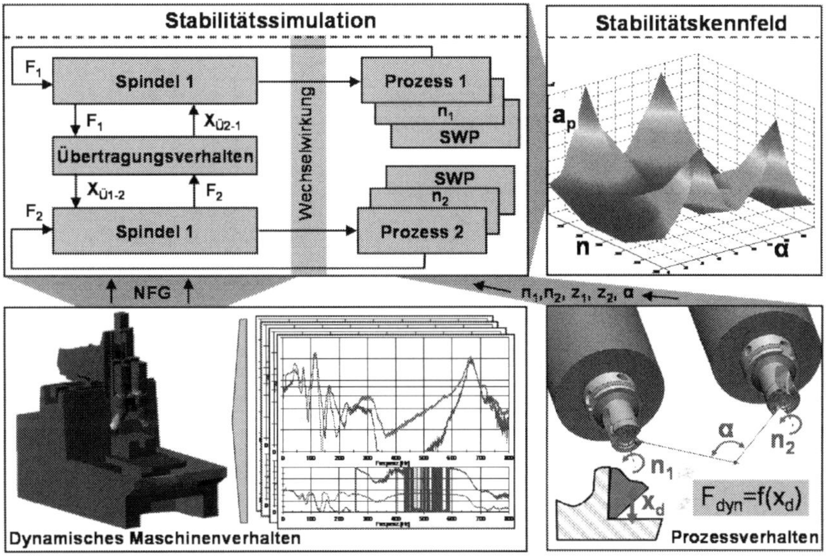

Bild 5-2: Ganzheitliches Simulationsmodell der doppelspindligen Fräsbearbeitung

Figure 5-2: Holistic simulation model of parallel milling

Die durch die MIMO-Messung ermittelten NFG müssen mathematisch nachgebildet werden, um eine analytische Beschreibung des dynamischen Last-Verformungsverhaltens zu schaffen. Bei der Beschreibung der Prozesseigenschaften müssen zusätzlich zu den konventionellen Parametern beim Fräsen, wie Drehzahl und Vorschub, weitere Größen, wie die relative Winkelstellung α, Drehzahl an der jeweiligen Spindel n_1 und n_2 sowie die Zähnezahl des jeweiligen Werkzeugs z_1 und z_2, eingegeben werden. Die Prozesssimulation in Zeitbereich ermöglicht eine Ermittlung sowohl von konventionellen Stabilitätskarten als auch von doppelspindlerspezifischen Stabilitätskennfeldern (Bild 5-2, oben rechts), die den Einfluss der zeitlichen Relation zwischen den beiden Zerspanvorgängen beschreiben.

5.1.1 Kraftmodell zur Beschreibung des doppelspindligen Fräsprozesses

Force Model for the Representation of the Parallel Milling Process

Zur Berechnung der dynamischen Zerspankräfte, die durch dynamische Strukturverlagerungen verursacht werden, wird der lineare Ansatz von Weck [Weck06b] verwendet. Die entstehenden dynamischen Kräfte lassen sich als eine lineare Funktion der dynamischen Spandickenänderung zwischen zwei aufeinander folgenden Werkzeugeinschnitten in das Werkstück berechnen. Da das Werkzeug sowie das Werkstück im Betrieb Schwingungen unterworfen sind, weicht die reale Laufbahn einer jeweiligen Schneide von der idealen Kreiskontur ab. Bild 5-3 zeigt die schematische Darstellung eines Fräsvorgangs unter Verwendung eines Werkzeugs mit zwei Schneiden. Die tatsächliche Spanform weist eine innere und äußere Oberflächenwelligkeit auf, die in Folge des vorherigen bzw. des aktuellen Werkzeugeinschnitts entstanden ist. Demzufolge wird effektiv ein Span abgenommen, dessen Dicke als Differenz zwischen der inneren und äußeren Welligkeit berechnet werden kann.

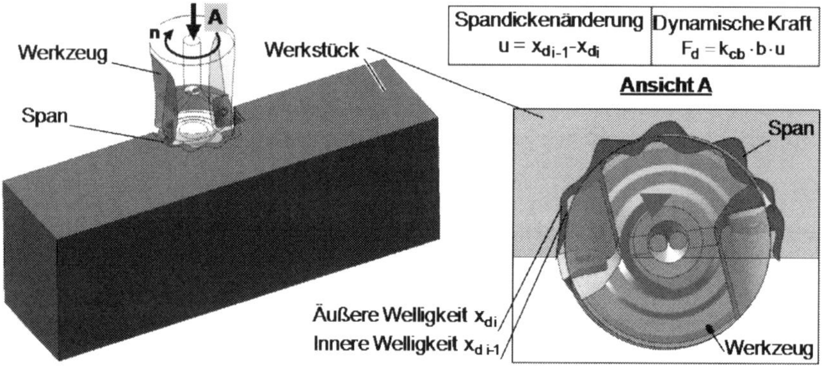

Bild 5-3: Dynamische Spandickenänderung beim Fräsen

Figure 5-3: Dynamic chip thickness variation during milling

Unter Annahme der Unabhängigkeit des dynamischen Kraftanteils von der statischen Spandicke und folglich vom Vorschub, kann die auf Grund der dynamischen Spandickenänderung entstehende Kraft mit folgender Formel berechnet werden [Weck06b].

$$F_d = k_{cb} \cdot b \cdot u \qquad \text{(Gl. 5-1)}$$

Mit k_{cb} – spezifischer dynamischer Schnittkraftkoeffizient;

b – Schnitttiefe;

u – Spandickenänderung.

Die Spandickenänderung u entsteht auf Grund von Maschinenverlagerungen, die mit Hilfe von mathematisch nachgebildeten Nachgiebigkeitsfrequenzgängen berechnet werden können (vgl. Kapitel 5.1.2). Da diese Verlagerungen im Maschinenkoordinatensystem berechnet sind, ist die Projektion auf eine momentane Winkellage der sich im Eingriff befindenden Schneide notwendig. Die Winkelposition der Schneide bestimmt die Richtung der Spandickenänderung, in die auch die berechnete dynamische Zerspankraft gerichtet ist. Die Koordinatentransformation erfolgt in jedem Simulationsschritt, um sowohl die Maschinenverlagerungen im Maschinenkoordinatensystem in die Spandickenänderungsrichtung zu projizieren, als auch die berechnete dynamische Zerspankraft in die jeweilige Richtung des Maschinenkoordinatensystems (Maschinen-KS) zu zerlegen. Dazu sind die sogenannten Richtungsfaktoren notwendig, die die Lage der dynamischen Zerspankraft F_{Zersp} in Abhängigkeit der zeitveränderlichen Schneidenwinkelposition $\varphi(t)$ beschreiben (Bild 5-4).

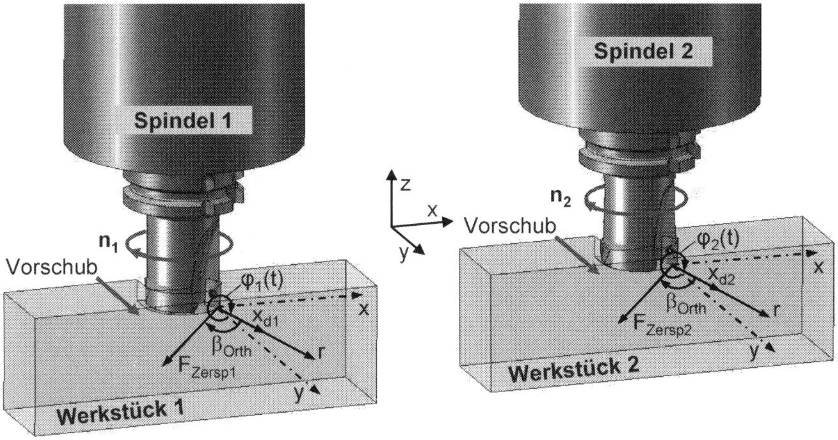

Bild 5-4: Berechnung dynamischer Kräfte

Figure 5-4: Calculation of dynamic forces

Die dynamische Zerspankraft ist um einen Winkel β_{Orth} zur Spandickenänderungsrichtung geneigt [Weck06b]. Für die untersuchten Werkstoffe sowie Wendeschneidplattengeometrien wurde ein β_{Orth}=76° eingesetzt [Weck06b]. Somit lässt sich die dynamische Zerspankraft gemäß folgender Formel entlang des Werkzeugeingriffsbogens an einer Schneide berechnen und auf die jeweilige Richtung des Maschinenkoordinatensystems projizieren.

$$F_{Zersp\_x,i} = [k_{cb} \cdot b \cdot x_d]\sin(\varphi_i(t) + \beta_{Orth}) \qquad \text{(Gl. 5-2)}$$
$$F_{Zersp\_y,i} = [k_{cb} \cdot b \cdot x_d]\cos(\varphi_i(t) + \beta_{Orth})$$

Mit $\varphi(t)$ – zeitabhängige Winkelposition eines Werkzeugs;

i – Spindelnummer;

β_{Orth} – Winkel zwischen der Spandickenänderungsrichtung und der dynamischen Zerspankraft;

$F_{Zersp\_x,i}$ – Dynamischer Zerspankraftanteil in X-Richtung des Maschinen-KS;

$F_{Zersp\_y,i}$ – Dynamischer Zerspankraftanteil in Y-Richtung des Maschinen-KS.

Für die korrekte Abbildung des Prozessverhaltens bei der doppelspindligen Fräsbearbeitung muss die zeitliche Relation beider Zerspanprozesse im Zerspankraftmodell berücksichtigt werden. Bild 5-5 zeigt doppelspindlerspezifische Prozessparameter, die zusätzlich im Kraftmodell abgebildet werden müssen.

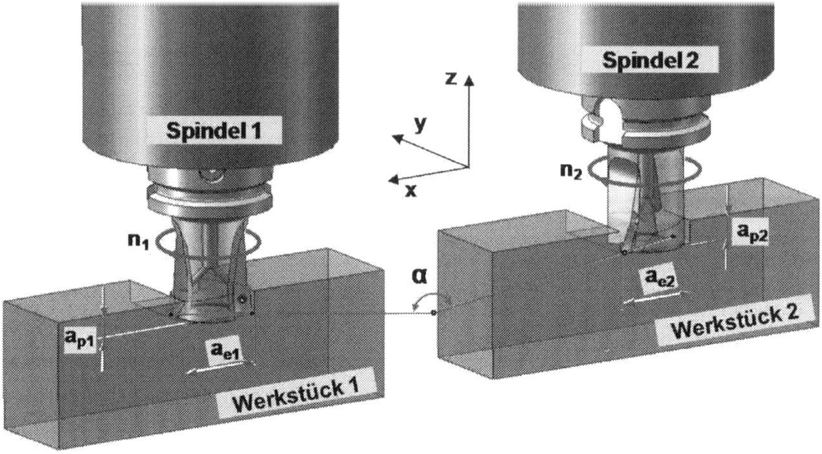

Bild 5-5: Prozessanordnung beim doppelspindligen Vollnut-Fräsen

Figure 5-5: Process characteristics of parallel slot milling

Die Spindeln eines doppelspindligen Bearbeitungszentrums können prinzipiell unabhängig voneinander angetrieben werden, d.h. die Drehzahlen an den beiden Spindeln können sowohl gleich ($n_1=n_2$) als auch unterschiedlich sein. Die relative Winkelstellung der Werkzeuge in Prozessen mit gleicher Spindeldrehzahl stellt eine weitere wesentliche Einflussgröße dar, die bei der Stabilitätssimulation berücksichtigt werden muss (Bild 5-5, α).

Eine unterschiedliche Parametrierung der Zerspanprozesse ($n_1 \neq n_2$, $\alpha \neq 0°$) führt zu einer zeitlich versetzten dynamischen Strukturanregung durch die Werkzeuge 1 und 2. Für die Modellierung von solchen Prozessen werden zusätzliche Totzeitglieder in das konventionelle Prozessmodell eingeführt (vgl. Bild 2-17, Bild 5-1), die das Nacheilen einer Schneide gegenüber der äquivalenten Schneide des zweiten Werkzeugs abbilden (Bild 5-6).

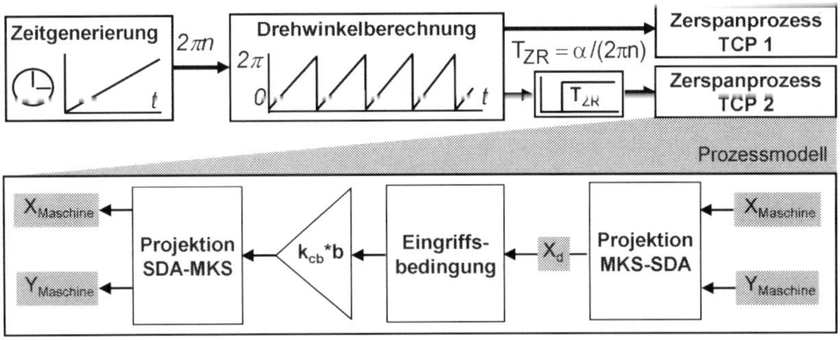

Bild 5-6: Berücksichtigung der zeitlichen Prozessrelation im Zerspankraftmodell

Figure 5-6: Modeling of temporal process relation for cutting force calculation

Die in der Abbildung gezeigte Modellstruktur kann für Prozesse mit einem zeitlich konstanten Winkelversatz α angewendet werden. Für Prozesse mit unterschiedlichen Spindeldrehzahlen an der Spindel 1 und Spindel 2 kann keine zeitlich konstante Totzeit T_{ZR} im Modell verwendet werden, da die relative Schneidenwinkelstellung ständig variiert. Die Modellierung dieser Prozesse erfolgt durch die Vorgabe der jeweiligen Spindeldrehzahl *n* und eine separate Drehwinkelberechnung für jede Spindel (Bild 5-5). Die Winkellage wird der jeweiligen Spindel ohne Verzögerung in das jeweilige Zerspanprozessmodell weitergeleitet. Die Berechnung der dynamischen Zerspankräfte erfolgt somit unter Berücksichtigung der zeitlichen Relation beider Zerspanprozesse.

5.1.2 Modellierung des dynamischen Verhaltens von Doppelspindlern

Modeling of the Dynamic Behavior of Parallel Milling Machines

Die Reaktion der Maschinenstruktur auf eine dynamische Kraftanregung wird durch messtechnisch ermittelte Nachgiebigkeitsfrequenzgänge beschrieben. Zur Abbildung des strukturdynamischen Maschinenverhaltens im Simulationsmodell müssen die NFG mittels mathematischer Funktionen approximiert werden. Dazu existieren verschiedene Ansätze, deren Eignung für das so genannte Curve Fitting von der Anzahl, Lage und Dämpfung der Resonanzfrequenzen abhängig ist (vgl. Abschnitt 2.3.1). Für die Nachbildung von Nachgiebigkeitsfrequenzgängen von Werkzeugmaschinen, die durch eine vergleichsweise niedrige Dämpfung gekennzeichnet sind, hat sich das p-LSCFD (Polyreference Least Squares Complex Frequency Domain), auch Polymax genannt, für das Fitten im Frequenzbereich bewährt. Da die Resonanzstellen von Werkzeugmaschinenstrukturen oft nah beieinander liegen, soll der gegenseitige Einfluss von benachbarten Resonanzstellen im Fitt-Verfahren berücksichtigt werden. Das genannte Verfahren lässt es zu, diesen Einfluss zu berücksichtigen.

Ein gemessener Nachgiebigkeitsfrequenzgang kann gemäß folgender Formel als Summe komplexer Funktionen in einem Frequenzbereich [ω_1, ω_2] mathematisch nachgebildet werden [Weck06b].

$$G(j\omega) = -\frac{1}{M'\omega^2} + \sum_{k=1}^{n}\left[\frac{U_k + jV_k}{-\mu_k + j(\omega - \nu_k)} + \frac{U_k - jV_k}{-\mu_k + j(\omega + \nu_k)}\right] + S' \qquad \text{(Gl. 5-3)}$$

U_k und V_k sind komplexe Amplitudenparameter, ν_k die gedämpfte Eigenkreisfrequenz und μ_k die Abklingkonstante der jeweiligen Resonanzstelle. Der Summenfrequenzgang G(jω) ergibt sich als Summe von n Nachgiebigkeitsfrequenzgängen von Einmassenschwingern. Das untere Residuum ($-1/M'\omega_2$) beschreibt den Einfluss der Resonanzstellen bei Frequenzen unterhalb der ω_1 auf den Summenfrequenzgang. Die Resonanzstellen oberhalb von ω_2 werden durch das obere Residuum S' berücksichtigt. In der Regel kann das untere Residuum vernachlässigt werden, da der Frequenzbereich, in dem die relevanten dynamischen Nachgiebigkeiten erfasst werden, bei ca. 0 Hz anfängt.

Die Gleichung (Gl. 5-3) kann zu einer allgemein gültigen Form für verschiedene Dämpfungsarten geführt werden. Dazu werden weitere Größen eingeführt: Realteil S_k und Imaginärteil R_k der modalen Nachgiebigkeit, Betrag ω_{0k} der Eigenwerte λ_k und das Dämpfungsmaß D_k. Diese werden wie folgt ausgedrückt:

$$S_k = \frac{-2(\mu_k U_k + \nu_k V_k)}{\omega_{0k}^2}, \quad R_k = \frac{2U_k}{\omega_{0k}^2} \qquad \text{(Gl. 5-4)}$$

$$\omega_{ok} = \sqrt{\mu_k^2 + \nu_k^2} \qquad \text{(Gl. 5-5)}$$

$$D_k = -\frac{\mu_k}{\omega_{0k}} = -\frac{\mu_k}{\sqrt{\mu_k^2 + \nu_k^2}} \qquad \text{(Gl. 5-6)}$$

Die Gleichung (Gl. 5-3) kann somit in folgender Form dargestellt werden:

$$G(j\omega) = -\frac{1}{M'\omega^2} + \sum_{k=1}^{n}\frac{S_k + j\omega R_k}{\left[1 - \left(\frac{\omega}{\omega_{0k}}\right)^2 + 2jD_k\frac{\omega}{\omega_{0k}}\right]} + S' \qquad \text{(Gl. 5-7)}$$

Die beschriebenen Zusammenhänge zur Berechnung der dynamischen Strukturverlagerung auf Grund einer Kraftanregung sind in Bild 5-7 graphisch dargestellt.

Die Prozesssimulation verläuft zeitdiskret, weshalb die zuvor abgeleiteten zeitkontinuerlichen Zusammenhänge mittels der z-Transformation in die entsprechende Darstellung umgewandelt werden müssen. Dies erfolgt gemäß folgender Formel [Boet91], [Unbe93].

$$G_k^*(j\omega) = \frac{S_k + j\omega R_k}{1 + 2D_k\frac{j\omega}{\omega_{0k}} + \left(\frac{j\omega}{\omega_{0k}}\right)^2} \cdot \frac{1 - e^{-j\omega T}}{j\omega} \qquad \text{(Gl. 5-8)}$$

Wobei das zweite Glied der Multiplikation dem Abtasthalteglied mit dem Abtastintervall T entspricht. Die Gleichung (Gl. 5-8) lässt sich im z-Bereich zu einer Übertragungsfunktion der 3. Ordnung transformieren. Eine Übertragungsfunktion im z-Bereich hat allgemein folgende Form [Abel05].

$$G_k(z) = \frac{X_k(z)}{F_k(z)} = \frac{b_{0k}z + b_{1k}z^{-1} + b_{2k}z^{-2} + b_{3k}z^{-3}}{a_{0k}z + a_{1k}z^{-1} + a_{2k}z^{-2} + a_{3k}z^{-3}} \qquad \text{(Gl. 5-9)}$$

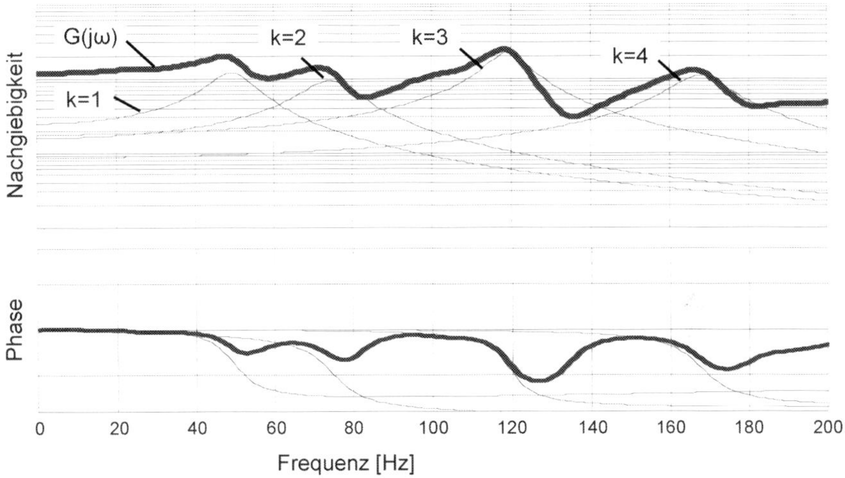

F (jω) → $G(j\omega) = -\frac{1}{M'\omega^2} + \sum_{k=1}^{4} \frac{S_k + j\omega R_k}{\left[1 - \left(\frac{\omega}{\omega_{0k}}\right)^2 + 2jD_k \frac{\omega}{\omega_{0k}}\right]} + S'$ → x (jω)

Bild 5-7: Berechnung der Reaktion der Maschinenstruktur auf eine dynamische Kraft

Figure 5-7: Estimation of machine tool structural deformation due to a dynamic force

Bei der Rücktransformation in Zeitbereich kann die diskrete Maschinenverlagerung in der jeweiligen Resonanzstelle der Maschinenstruktur folgendermaßen berechnet werden.

$$x_k(t) = \frac{1}{a_{0k}} \cdot [b_{0k}F(t) + b_{1k}F(t-T) + b_{2k}F(1-2T) + b_{3k}F(t-3T) - $$
$$- a_{1k}x(t-T) - a_{2k}x(t-2T) - a_{3k}x(t-3T)] \qquad \text{(Gl. 5-10)}$$

Die dynamische Gesamtverlagerung ergibt sich als Summe der Verlagerungen in den einzelnen Resonanzstellen, die mittels der Gleichung (Gl. 5-10) berechnet werden können.

Die komplexen Funktionen zur Abbildung des Maschinenverhaltens sollen für sämtliche Direkt- und Übertragungsnachgiebigkeiten in X- und Y-Richtung des Maschinenkoordinatensystems aufbereitet werden. Anschließend können die jeweiligen Direkt- und Übertragungs-NFG nachgebildet und als Modellkomponente in den Simulationswirkungskreis übernommen werden.

5.1.3 Dynamisches Maschinenverhalten bei doppelspindligen Fräsprozessen mit zeitversetzter Eingriffstaktung

Dynamic Machine Behavior in Parallel Milling Processes with a Temporal Shift between the Cutter Engagements

Der oben beschriebene Ansatz zur mathematischen Nachbildung des dynamischen Maschinenverhaltens schafft die Grundlage für die zeitdiskrete Simulation der dynamischen Strukturverlagerung unter der Einwirkung von Prozesskräften. Das Maschinenmodell muss insbesondere Prozesse mit einer zeitversetzten Eingriffstaktung realitätsgetreu abbilden, da diese die Gesamtnachgiebigkeit des Doppelspindlers und folglich das Stabilitätsverhalten beeinflussen. In Kapitel 4 wurde die Reaktion der doppelspindligen Maschine auf eine dynamische Anregung mit einem Phasenversatz zwischen den angreifenden harmonischen Kräften an den Spindeln 1 und 2 untersucht. Das für die Stabilitätssimulation verwendete Maschinenmodell, das in Direkt- und Übertragungsnachgiebigkeiten untergliedert ist, muss unter der harmonischen Kraftanregung mit definierten Phasenversätzen ein gleiches Verhalten aufweisen, wie das MKS-Modell (vgl. Bild 4-22). Zur Verifizierung des Maschinenmodells unter harmonischer Anregung durch zwei phasenverschobene Kräfte wurde das in Bild 5-8 gezeigte Schema eingesetzt. Das Maschinenmodell wird mit definierten Kraftsignalen simulativ beaufschlagt und die resultierenden Nachgiebigkeitsfrequenzgänge werden ermittelt.

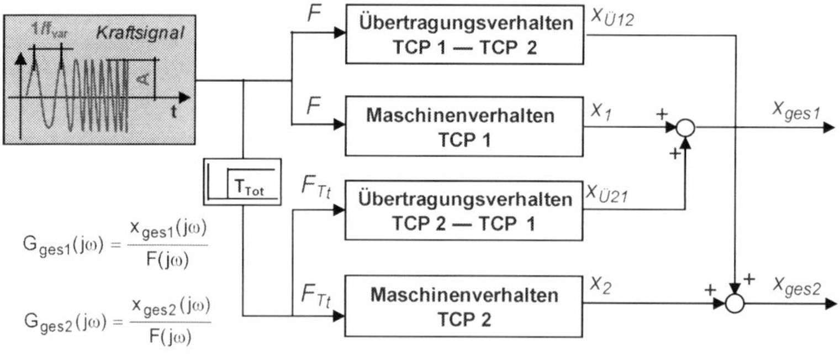

Bild 5-8: Verifizierung des Maschinenverhaltens unter Belastung mit phasenverschobenen dynamischen Kräften in X-Richtung

Figure 5-8: Verification of machine behavior under the loading by phase shifted dynamic forces in X-direction

Die Gesamtverlagerung des jeweiligen TCP ergibt sich als Summe der direkten und übertragenen dynamischen Verlagerungen, wodurch die gegenseitige Beeinflussung der Spindeln abgebildet wird. Die gesamte dynamische Nachgiebigkeit kann als Verhältnis der Gesamtverlagerung und der Anregungskraft berechnet werden (Bild 5-8, links). Eine Anregung mit der Phasenverschiebung φ_ε an den beiden Spindeln wird durch die Totzeit T_{Tot} abgebildet. Bei den messtechnisch ermittelten und anschließend mathematisch nachgebildeten Nachgiebigkeitsfrequenzgängen eines Doppelspindlers mit eingesetzten Fräswerkzeugen wird das in Bild 5-9 dargestellte Verhalten unter der variierenden Phasenverschiebung φ_ε beobachtet. Die ermittelte Änderung der Gesamtnachgiebigkeit stimmt vom quantitativen Verlauf mit den Ergebnissen der simulativen Untersuchung des dynamischen Verhaltens unter Kraftanregung mit einem definierten Phasenversatz mittels des MKS-Modells überein (vgl. Bild 4-22). Die Resonanzstellen werden verstärkt oder gedämpft, je nachdem welche Phasenlage die Direkt- und Übertragungsnachgiebigkeiten an der jeweiligen Spindel bei einer jeweiligen Anregungsfrequenz aufweisen.

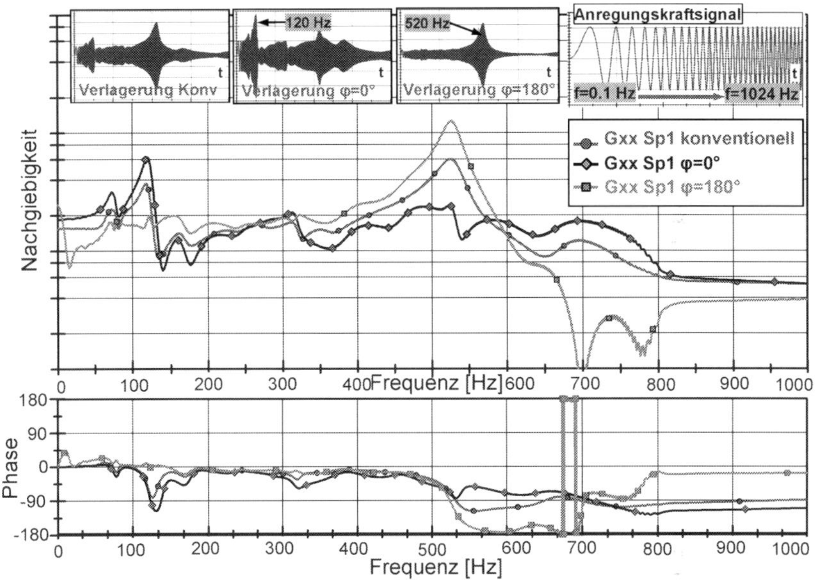

Bild 5-9: Simulativ ermittelte Gesamtnachgiebigkeiten eines Doppelspindlers unter harmonischer Anregung beider Spindeln mit einem konstanten Phasenversatz

Figure 5-9: Simulated total compliance of a parallel milling machine under a harmonic excitation of both spindles with a constant phase shift

In einem realen doppelspindligen Fräsprozess mit einer zeitlich versetzten Eingriffstaktung wird die Maschinenstruktur mit einer Totzeit abwechselnd an der Spindel 1 und Spindel 2 angeregt. Dabei ist die effektive Phasenlage der Anregungskräfte bei verschiedenen Eigenfrequenzen nicht identisch, sondern vom Verhältnis der Totzeit T_{Tot} und Eigenschwingungsperiode $1/f_{Eigenfr}$ abhängig. Der Schwingungszustand der Maschine im Betrieb wird folglich durch das Entstehen der Ratterschwingungen an der jeweiligen Spindel (vgl. Abschnitt 2.1.3) und die Wechselwirkung der beiden Spindeln in Form der phasenversetzten Anregung bestimmt. Die beiden Einflussgrößen bestimmen die Prozessstabilität und sind im Stabilitätssimulationsmodell abgebildet. Die Phasenlage φ_ε der dynamischen Anregungskräfte bei einer der strukturellen Eigenfrequenzen kann gemäß (Gl. 5-11) für eine jeweilige Eigenfrequenz $f_{Eigenfr}$ berechnet werden.

$$\varphi_\varepsilon = [\frac{T_{Tot}}{T_{Eigenfr}}] \cdot 360° \qquad \text{(Gl. 5-11)}$$

Mit T_{Tot} - die Totzeit zwischen Werkzeugeingriffen an der Spindel 1 und 2;

$T_{Eigenfr}$ - der Kehrwert der betrachteten Eigenfrequenz $f_{Eigenfr}$.

Der Zusammenhang zwischen der Phasenlage der Anregungskräfte φ_ε und den Schwingungs- und Prozessparametern ist in Bild 5-10 dargestellt.

Die Variablen der (Gl. 5-11) können wie folgt berechnet werden:

$$T_{Tot} = \frac{\alpha}{\frac{n}{60} \cdot 360°} \qquad \text{(Gl. 5-12)}$$

Mit α – relativer Winkelversatz der beiden Werkzeuge, Grad;

n – Spindeldrehzahl in min^{-1}.

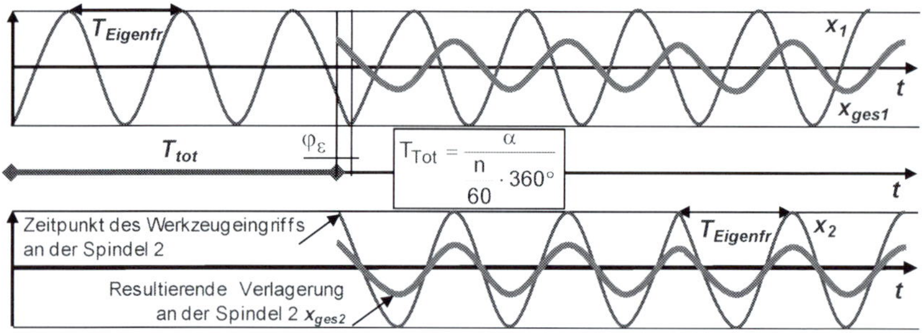

Bild 5-10: Zusammenhang zwischen der Eigenschwingungsfrequenz der Spindeln, dem Winkelversatz α und der Phasenlage der Anregungskräfte φ_ε

Figure 5-10: Relationship between the eigenfrequency of spindles, angular offset α and phase shift of actuation forces φ_ε

Wird die Gleichung (Gl. 5-12) nun im Ausdruck (Gl. 5-11) berücksichtigt, kann die Phasenverschiebung für eine beliebige Kombination der Prozessparameter und der Eigenfrequenz bestimmt werden.

$$\varphi_\varepsilon = [\frac{\alpha \cdot f_{Eigenfr}}{\frac{n}{60} \cdot 360°}] \cdot 360° \qquad \text{(Gl. 5-13)}$$

Die Gleichung (Gl. 5-13) lässt sich beispielsweise für zwei Eigenfrequenzen graphisch darstellen (Bild 5-11). Mit steigender Eigenfrequenz wird der Anstieg der Kennlinie φ_ε=f(α) steiler. Bei zunehmender Drehzahl wird die Totzeit zwischen zwei aufeinander folgenden Werkzeugeingriffen an der Spindel 1 und 2 kleiner, wodurch eine Änderung des Winkelversatzes α eine kleinere Änderung der Anregungsphasenverschiebung bei konstanter Eigenfrequenz φ_ε zu Folge hat, d.h. die Neigung der Kennlinie φ_F=f(α) fällt bei der steigenden Drehzahl.

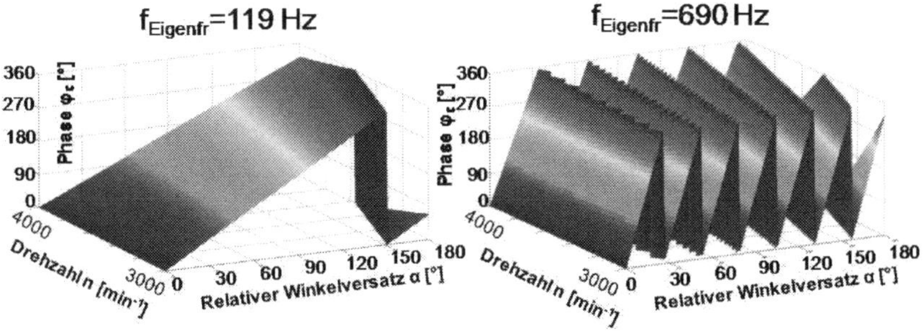

Bild 5-11: Anregungsphase in Abhängigkeit der relativen Winkelstellung und der Eigenfrequenz

Figure 5-11: Dependency of the actuation phase on the relative angular offset and eigenfrequency

Im Bereich der höheren Drehzahlen, die zum Beispiel für die hochproduktive Bearbeitung von Aluminium charakteristisch sind, ist eine deutlich weniger ausgeprägte Abhängigkeit der Anregungsphase φ_ε von der relativen Schneidenwinkelstellung α festzustellen. In Bild 5-12 ist die Anregungsphase als Funktion des Winkelversatzes und der Drehzahl für den Drehzahlbereich von 10.000 min^{-1} bis 40.000 min^{-1} dargestellt. Bei der strukturseitigen Eigenfrequenz der Maschinenstruktur von 119 Hz für die Spindeldrehzahl von 40.000 min^{-1} ist eine maximale Änderung der Anregungsphase von ca. 30° festzustellen.

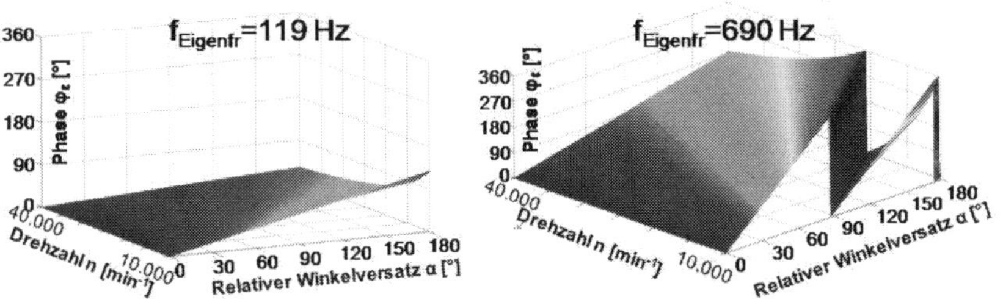

Bild 5-12 Anregungsphase in Abhängigkeit der relativen Winkelstellung und der Eigenfrequenz im Bereich höherer Drehzahlen

Figure 5-12: Dependency of the actuation phase on the relative angular offset and eigenfrequency at high rotational speeds

Bei den höher liegenden Eigenfrequenzen, die z.B. auf Eigenfrequenzen von Werkzeugen oder Spindeln zurückzuführen sind, ist weiterhin eine deutliche Änderung der Anregungsphase φ_ε unter einer variierenden Drehzahl und einem variierenden relativen Winkelversatz zu beobachten (Bild 5-12, rechts). Demzufolge ist der Einfluss der relativen Winkelstellung der beiden Spindeln auf die strukturseitigen Resonanzstellen (bis ca. 350 Hz) bei hohen Drehzahlen weniger ausgeprägt, als der Einfluss auf hochfrequente Resonanzstellen.

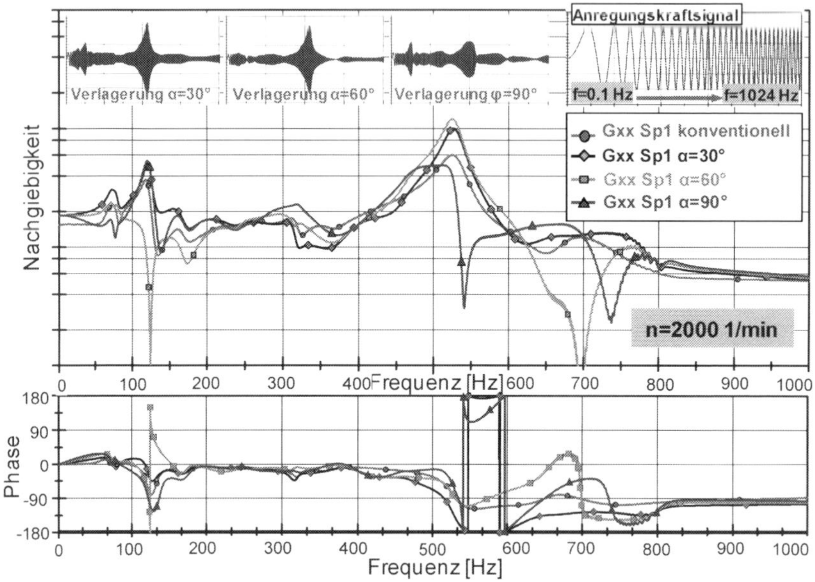

Bild 5-13: Gesamtnachgiebigkeit der Maschinenstruktur unter Anregung mit verschiedenen relativen Winkelstellungen α bei der Drehzahl von 2000 1/min

Figure 5-13: Total compliance of the machine structure under an actuation with different angular offsets α at 2000 rpm

Das gesamte Nachgiebigkeitsverhalten des Doppelspindlers ist deswegen in einem Prozess mit zeitversetzter Eingriffstaktung einer Anregung in verschiedenen Eigenfrequenzen mit ungleichen Anregungsphasen unterworfen. Demzufolge findet ein eigenfrequenz- und eigenmodenabhängiger Anstieg bzw. Abfall der Gesamtnachgiebigkeitsamplitude statt. Bild 5-13 zeigt den simulativ ermittelten Verlauf der Gesamtnachgiebigkeiten eines Doppelspindlers mit eingesetzten Fräswerkzeugen für unterschiedliche Größen des relativen Winkelversatzes α für eine Drehzahl von 2000 min^{-1}. Diese Nachgiebigkeiten wurden mittels einer harmonischen Anregung des Maschinenmodells mit einer frequenzabhängigen variablen Totzeit T_{Tot}, die den relativen Winkelversatz der Schneiden abbildet, ermittelt (Bild 5-8). Je nach Phase der Anregungskräfte an der Spindel 1 und 2 bei der jeweiligen Resonanzstelle (vgl. (Gl. 5-13), Bild 5-11) sind beachtliche Änderungen des Gesamtnachgiebigkeitsverhaltens zu erkennen. Der Verlauf des NFG bei α=30° zeigt, dass es Winkelversätze gibt, bei denen ein Anstieg der Nachgiebigkeitsamplituden bei zwei dominanten Resonanzstellen bei ca. 120 Hz und ca. 530 Hz beobachtet wird. Wie in weiteren Kapiteln gezeigt wird, liegt dieser Effekt dem variierenden Stabilitätsverhalten in Abhängigkeit der relativen Winkelstellung der Schneiden zugrunde.

5.1.4 Schnittstelle für die gekoppelte Stabilitätssimulation

Interface for the Coupled Stability Simulation

Das Simulationsmodell der doppelspindligen Fräsbearbeitung (Bild 5-1) ermöglicht eine Kopplung der numerischen Simulationsumgebung mit einem MKS-System [Brec06]. Dazu ist eine Schnittstelle vorgesehen, die das parametrierte MKS-Modell in die numerische Simulation einbindet und somit eine Berechnung der dynamischen Maschinenverlagerungen aufgrund der simulierten Prozesskräfte im MKS-Modell ermöglicht. Dabei werden die dynamischen Verlagerungen der gesamten Maschinenstruktur berechnet. Die Krafteinleitung sowie die Erfassung der Verlagerungsgröße kann an den im Voraus definierten Knoten (z.B. am TCP) erfolgen. Das Bild 5-14 stellt den Aufbau des Modells zur gekoppelten Stabilitätssimulation dar.

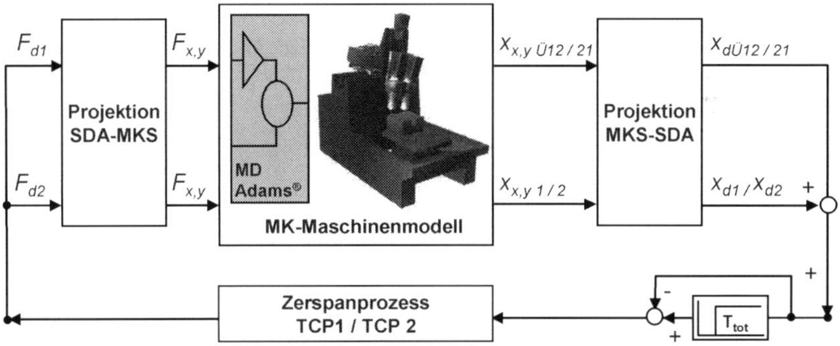

Bild 5-14: Gekoppelte Stabilitätssimulation

Figure 5-14: Coupled stability simulation

Die gekoppelte Stabilitätssimulation ermöglicht u.a. eine unmittelbare simulative Beurteilung des Einflusses von strukturseitigen Optimierungsmaßnahmen, Reglereinstellungen oder Zusatzdämpfungssystemen auf das Stabilitätsverhalten beim Fräsen. Zum Beispiel kann der Einfluss von verschiedenen konstruktiven Ausführungen von Maschinenkomponenten sowie passiver und aktiver Hilfsmassendämpfungssysteme direkt auf die Stabilitätskarte bzw. das Stabilitätskennfeld (vgl. Paragraph 6.2.1) untersucht werden. Die gekoppelte Simulation kann beispielsweise mit Hilfe der Mehrkörpersimulationssoftware MD Adams R3® durchgeführt werden. FE-Modelle können u.a. mit der FE-Software I-DEAS® aufbereitet werden.

5.2 Rechnerische Ermittlung der Prozessstabilität

Computer-Aided Ascertainment of the Process Stability

Die zeitdiskrete Simulation des in Bild 5-1 gezeigten Wirkungskreises der doppelspindligen Fräsbearbeitung ermöglicht es, einen zeitlichen Verlauf der Verlagerung des jeweiligen TCP in die Spandickenänderungsrichtung sowie die entstehenden Kräfte zu berechnen. Bild 5-15 zeigt einen stabilen und einen instabilen zeitlichen Verlauf der Verlagerung in Spandickenänderungsrichtung.

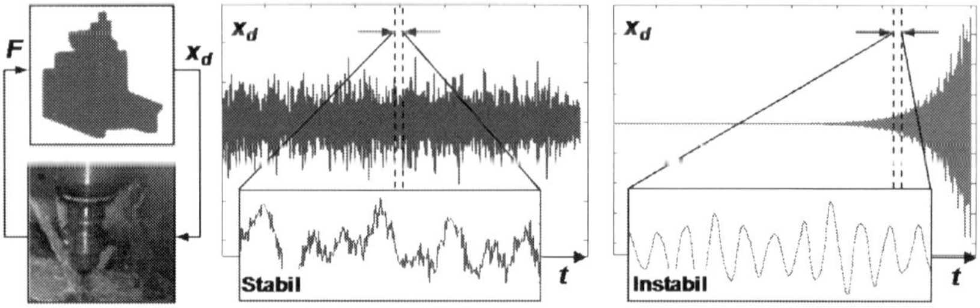

Bild 5-15: Stabiler und Instabiler Verlauf der TCP-Verlagerung in Spandickenänderungsrichtung

Figure 5-15: Stable and unstable temporal development of TCP-displacement in the direction of chip thickness variation

Wenn die Verlagerungsamplitude x_d über der Simulationszeit nahezu konstant bleibt (stabiler Zustand), sind mehrere Frequenzanteile im Schwingungssignal zu sehen. Sind die Prozesseinstellungen so gewählt, dass der schwingungsfähige Wirkungskreis eine stets ansteigende Verlagerungsamplitude liefert, ist ein instabiler Zustand festzustellen. In diesem Fall weist das Verlagerungssignal in der Regel eine ausgeprägte Resonanzfrequenz auf, die auf eine der vorhandenen strukturellen Resonanzstellen zurückgeführt werden kann.

Die rechnerische Ermittlung der Prozessstabilität muss unter Berücksichtigung der numerischen Randbedingungen durchgeführt werden. Diese Randbedingung sowie die getroffenen Annahmen und Vereinfachungen bestimmen die Genauigkeit der numerischen Simulation. Diese Aspekte sind nachfolgend erläutert.

5.2.1 Numerische Randbedingungen

Numerical Limitations

Bei der Festlegung der Simulationsparameter muss das Shannon-Theorem beachtet werden. Die Simulationstaktfrequenz $f_{SimulMinimal}$ muss demnach höher sein, als das Zweifache der höchsten vorhandenen strukturellen Resonanzfrequenz, welche durch die mathematisch nachgebildeten Nachgiebigkeitsfrequenzgänge bestimmt wird. Der Simulationstakt selbst stellt weiterhin eine Quelle der hochfrequenten Anregung des Wirkungskreises dar, die eine numerische Instabilität hervorrufen kann. Die Gefahr der numerischen Instabilität soll ebenfalls durch eine ausreichend hohe Simulationstaktfrequenz (f_{Simul}) vermieden werden.

Wie im Kapitel 5.1.1 bereits erläutert, basiert die Berechnung der dynamischen Kräfte auf der Bestimmung der diskreten Spandickenänderung zwischen zwei aufeinander folgenden Werkzeugeinschnitten in das Werkstück. Um die Verzerrung der Schwingungsamplitude des TCP bei hohen Frequenzen sowie die Abweichungen der Winkelposition der Schneide bei einer zeitdiskreten Vorgabe der Drehtaktung von einer idealen analog berechneten Position möglichst gering zu halten, soll die Simulationstaktfrequenz höher als die minimal notwendige Größe der Frequenz $f_{SimulMinimal}$ liegen. Bei Prozessen mit ungleicher Werkzeugeingriffstaktung muss zusätzlich zum

Shanon-Theorem die Totzeitdauer zwischen Werkzeugeingriffen an der Spindel 1 und 2 berücksichtigt werden. Die Totzeitdauer muss größer sein als der Kehrwert der Simulationstaktfrequenz. Eine Nichtbeachtung dieser Anforderung führt zu einer internen linearen Extrapolation der unbekannten Werte in der Simulationssoftware und ruft somit einen Genauigkeitsverlust hervor [Ange07].

In der Regel befinden sich sämtliche relevanten Resonanzstellen der Werkzeugmaschinenstruktur im Bereich von 0 bis 1000 Hz. In der vorliegenden Arbeit für die Modellierung des Maschinenverhaltens wurden Nachgiebigkeitsfrequenzgänge im Frequenzbereich bis maximal 2000 Hz eingesetzt, um die Schwingungsmoden, die auf eine Spindelbiegung bzw. Werkzeugeigenformen zurückzuführen sind, ebenfalls zu erfassen. Bild 5-16 zeigt eine ideale zeitkontinuerliche Sinusschwingung bei 2000 Hz (Analog). Dieser Schwingung sind zwei zeitdiskrete Kurven gegenübergestellt, die mit einer Simulationstaktfrequenz von 40 kHz (Digital 40 kHz) und einer niedrigeren Frequenz von 8 kHz, die für die Simulation konventioneller Prozesse oft eingesetzt wird (Digital, 8 kHz) berechnet wurden.

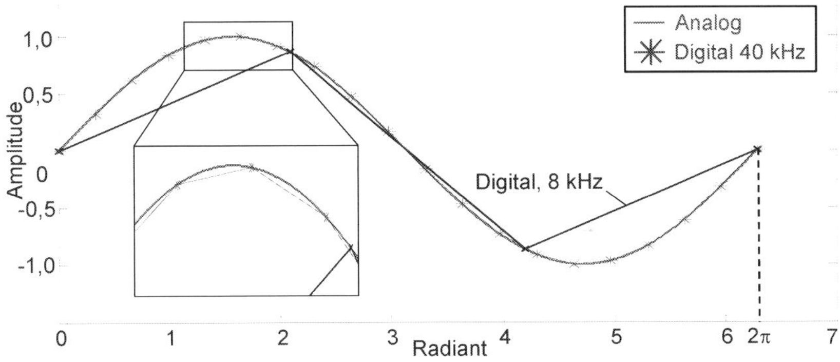

Bild 5-16: Diskretisierung der dynamischen Werkzeugverlagerung durch Simulationstakt

Figure 5-16: Discretization of a dynamic tool displacement by the simulation step

Wie Bild 5-16 zu entnehmen ist, wird die ideale Schwingungskurve mit einer Simulationstaktfrequenz von 40 kHz nahezu ohne Genauigkeitsverluste nachgebildet, wobei die niedrigere Simulationsfrequenz beachtliche Abweichungen von der idealen Amplitude aufweist.

Bei der Untersuchung von ungleichgetakteten Prozessen beeinflusst weiterhin die Simulationstaktfrequenz die niedrigste zulässige Totzeit T_{tmin} zwischen den Schneideneingriffen. Bei einer f_{Simul}=40 kHz beträgt die T_{tmin}=0,000025 s. Bei einer Spindeldrehzahl von 4000 1/min entspricht diese einem minimalen relativen Winkelversatz von 0,6°, der durch die Simulation korrekt abgebildet wird.

Die aufgeführten Grenzen der Anwendbarkeit des Modells lassen es jedoch zu, eine Mehrheit der in der Industrie gängigen Prozesse dynamisch korrekt abzubilden. Für die Untersuchung von Prozessanordnungen, bei denen Resonanzstellen im Bereich höher Frequenzen relevant sind, soll eine entsprechend höhere Simulationstaktrate eingesetzt werden.

5.2.2 Simulationsgenauigkeit

Simulation Accuracy

Das Stabilitätssimulationsmodell enthält Annahmen und Vereinfachungen, die bei der Modellierung des Maschinen- sowie Prozessverhaltens getroffen wurden. Diese Annahmen können sich als Simulationsungenauigkeiten auswirken. Auf der Maschinenseite zählen hierzu zum Beispiel die Annahme der Linearität, zeitlichen Konstanz des statischen und dynamischen Verhaltens, Unabhängigkeit von der statischen Vorlast der dynamischen Strukturnachgiebigkeit, Unveränderlichkeit der Dämpfungseigenschaften im Stillstand und Betrieb usw. Auf der Prozessseite werden solche Vereinfachungen, wie die Unabhängigkeit des dynamischen Kraftanteils von der statischen Spandicke, Ratterfrequenz, Mikrogeometrie und dem Verschleißzustand der Schneiden sowie Invarianz über einen Schnittgeschwindigkeitsbereich getroffen. Die Richtigkeit der Modellierungsansätze wurde mittels praktischer Bearbeitungstests verifiziert. Die simulativ und praktisch ermittelten Ergebnisse sind im Kapitel 6.3 aufgeführt.

5.2.3 Berechnungsaufwand

Computational Effort

Die Simulation der doppelspindligen Fräsbearbeitung verwendet vier Mal so viele Übertragungsfunktionen, die das dynamische Maschinenverhalten beschreiben, als eine konventionelle Simulation der einspindligen Bearbeitung. Dies hat einen entsprechend höheren Berechnungsaufwand zur Folge. Da die notwendige Simulationszeit von der Anzahl der im Fit-Verfahren verwendeten Eigenmoden in jeder einzelnen Übertragungsfunktion abhängig ist, sollte bei der Nachgiebigkeitsfrequenzgangaufbereitung eine möglichst niedrige Modenanzahl verwendet werden.

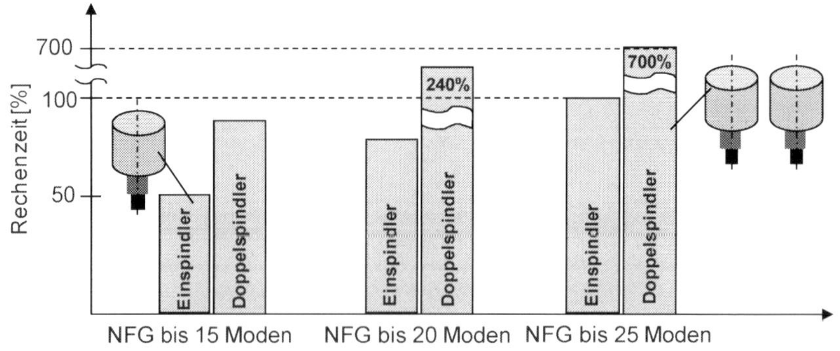

Bild 5-17: Rechenzeit bei der Simulation der ein- und doppelspindligen Fräsbearbeitung

Figure 5-17: Calculation time during simulation of conventional and parallel milling

Wie Bild 5-17 zu entnehmen ist, steigt die Rechenzeit bei der Stabilitätssimulation der konventionellen und doppelspindligen Fräsbearbeitung mit einem detailliert gefitteten Maschinenmodell um ca. den Faktor 7.

5.3 Übertragbarkeit auf mehrspindlige Fräsprozesse

Implementation for Multiple Spindle Milling Processes

Der entwickelte Modellierungsansatz kann für die Stabilitätssimulation der mehrspindligen Fräsbearbeitung eingesetzt werden. Aufbauend auf dem Modell der doppelspindligen Fräsbearbeitung können weitere Arbeitsspindeln in den Wirkungskreis einbezogen werden. Dabei müssen die entstehenden Wechselwirkungen zwischen den Spindeln abgebildet werden. Bild 5-18 zeigt den Wirkungskreis einer dreispindligen Fräsbearbeitung mit einem einschneidigen Werkzeug. Mit jeder weiteren Spindel steigt die Anzahl der zu bestimmenden Nachgiebigkeitsfrequenzgänge der Maschine und somit auch die Komplexität des Simulationsmodells.

Eine genaue Bestimmung von Nachgiebigkeitsfrequenzgängen für die Zwecke der Prozesssimulation, wie in Kapitel 4.3.2 erläutert, soll unter einer gleichzeitigen Belastung sämtlicher Maschinenspindeln mit statischen und dynamischen Kräften erfolgen. Dazu sind beträchtliche Messtechnikkapazitäten notwendig. Zum Beispiel werden für die messtechnische Untersuchung eines Dreispindlers drei Erreger und ebensoviele Leistungsverstärker und Signalgeneratoren sowie sechs Beschleunigungsaufnehmer benötigt. Weiterhin ist ein A/D-Wandler mit entsprechender Anzahl verfügbarer Eingänge zur Signalerfassung notwendig. Die für die Maschinenuntersuchung notwendigen Aktoren und Sensoren müssen elektromagnetisch verträglich sein, um eine ausreichende Messgüte zu gewährleisten. Die genannten Gesichtspunkte sollen bei der Planung und Vorbereitung der messtechnischen Untersuchungen an Mehrspindlern berücksichtigt werden. Trotz dem erhöhten Vorbereitungsaufwand für die Untersuchung von Mehrspindlern ist der Einsatz der MIMO-Messstrategie für eine hohe Genauigkeit der ermittelten dynamischen Nachgiebigkeiten zwingend erforderlich, da die konventionelle messtechnische Untersuchung des dynamischen Verhaltens lediglich mittels eines Schwingungserregers zwangsläufig zu Messungenauigkeiten führen wird. Diese werden desto größer, je mehr Spindeln und folglich Krafteinleitungsstellen in der Maschinenstruktur vorhanden sind.

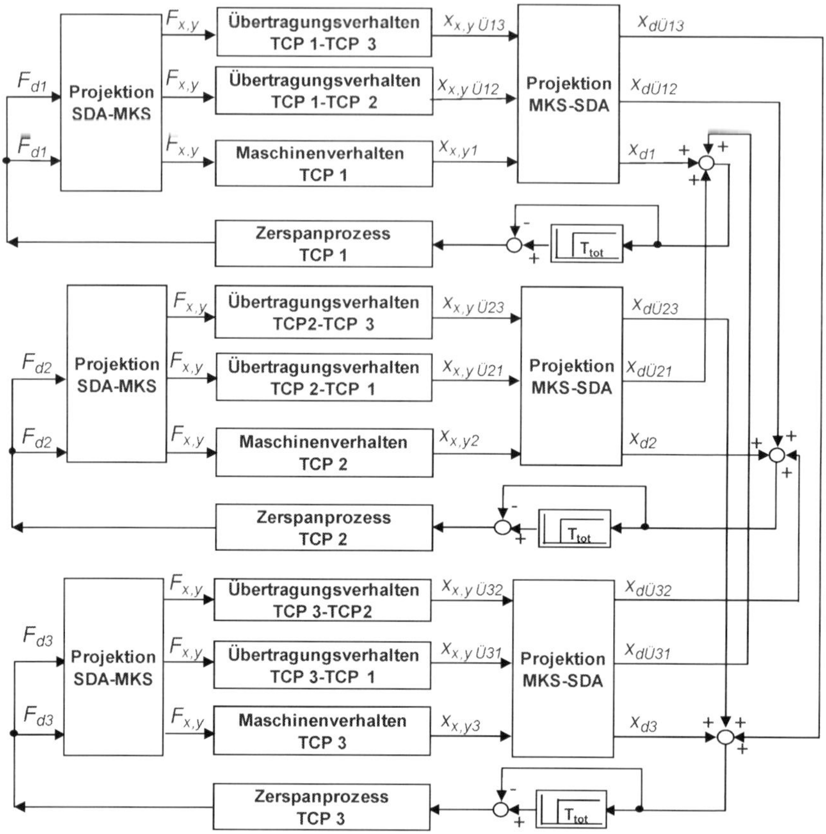

Bild 5-18: Wirkungskreis der dreispindligen Fräsbearbeitung

Figure 5-18: Interaction loop of a parallel milling with three spindles

Der Berechnungsaufwand spielt eine entscheidende Rolle für die praktische Anwendbarkeit des Simulationsmodells der mehrspindligen Fräsbearbeitung, da die Anzahl notwendiger Übertragungsfunktionen mit jeder weiteren Arbeitsspindel quadratisch ansteigt (Bild 5-19). Die Anzahl der Übertragungsfunktionen kann gemäß Gleichung (Gl. 5-14) berechnet werden.

$$N_{NFG} = z_S^2 \cdot R \qquad \text{(Gl. 5-15)}$$

Mit z_S – Anzahl der Spindeln; R – Anzahl relevanter Koordinatenrichtungen.

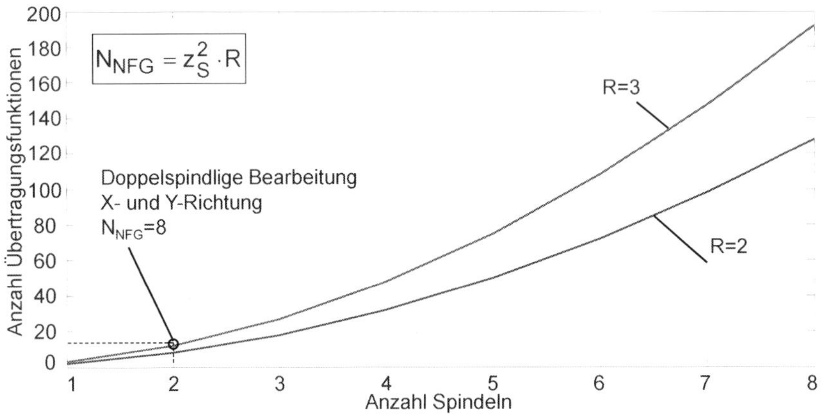

Bild 5-19: Anzahl der Übertragungsfunktionen bei der mehrspindligen Bearbeitung

Figure 5-19: Number of transfer functions in multi-spindle machining

Diese Abhängigkeit ist in Bild 5-19 dargestellt. Es ist zu erkennen, dass die Simulation der doppelspindligen Fräsbearbeitung in zwei Koordinatenrichtungen acht Übertragungsfunktionen erfordert. Soll die Bearbeitung auf einem Siebenspindler in drei relevanten Koordinatenrichtungen simuliert werden, dann ist die Ermittlung und Aufbereitung von 147 Übertragungsfunktionen notwendig.

Wie in Kapitel 5.2.3 bereits erläutert, steigt im Vergleich zur konventionellen einspindligen Simulation die Simulationszeit bei der doppelspindligen Simulation um das 7-fache. Die Simulation der mehrspindligen Bearbeitung sollte daher mit möglichst reduzierten Maschinenmodellen erfolgen, die eine praktisch akzeptable Simulationsdauer ermöglichen sollen.

6 Stabilitätsverhalten des doppelspindligen Fräsprozesses

Stability Behavior of Parallel Milling Processes

Die in den vorangehenden Kapiteln beschriebenen mathematischen Modelle ermöglichen die zeitbasierte Simulation der doppelspindligen Fräsbearbeitung unter Berücksichtigung des dynamischen Verhaltens der Maschine und der spezifischen Eigenschaften des Zerspanprozesses. Die Berechnung von Stabilitätskarten erfolgt mittels der Simulation des im Kapitel 5.1 erläuterten Wirkungskreises im Zeitbereich unter Berücksichtigung der im Abschnitt 5.2.1 aufgeführten Randbedingungen. Die Bewertung der Stabilität eines Prozesses bei der Simulation erfolgt anhand der zeitlichen Entwicklung der Schwingungsamplituden an den beiden TCP gemäß dem im Abschnitt 2.3.3 beschriebenen Prozedere. Der Einfluss von Prozessparametern, die die zeitliche Relation beider Zerspanvorgänge an der Spindel 1 und 2 vorgeben, wird in Form von doppelspindlerspezifischen Stabilitätskarten dargestellt. Dabei wird die erreichbare Schnitttiefe in Abhängigkeit des untersuchten Parameters in einem Diagramm aufgetragen. Die Simulationsergebnisse werden anschließend durch Bearbeitungstests an einem doppelspindligen Bearbeitungszentrum verifiziert. Die Stabilitätsgrenze wird dabei mit Hilfe des im Abschnitt 2.1.4 beschriebenen Vorgehens bestimmt. Die Analyse des Einflusses verschiedener Faktoren auf die Stabilität der doppelspindligen Fräsbearbeitung wird in den folgenden Abschnitten erläutert.

6.1 Vergleich zwischen ein- und doppelspindliger Fräsbearbeitung

Comparison of Conventional and Parallel Milling

Das Stabilitätsverhalten des Doppelspindlers wurde im ein- und doppelspindligen Betrieb modelliert. Die Ergebnisse bestätigen die in der Industrie bekannte Problematik der niedrigeren Prozessstabilität bei der doppelspindligen Fräsbearbeitung im Vergleich zu einer Bearbeitung mit nur einer Spindel an der gleichen Maschine (Bild 6-1).

Die Abbildung zeigt die Stabilitätsgrenzen der einspindligen Fräsbearbeitung (EFB) und der doppelspindligen Fräsbearbeitung (DFB) für einen Teilnutfräsprozess mit einer Fräsbreite von a_e=8 mm und unter dem Einsatz eines mit Wendeschneidplatten (WSP) bestückten vierschneidigen Fräsers. Dabei war die Schneideneingriffstaktung beim doppelspindligen Fräsprozess an der Spindel 1 und 2 gleich, d.h. die Totzeit zwischen den Schneideneingriffen an den beiden Spindeln war gleich Null. Die prozentuelle Angabe der Schnitttiefe bezieht sich nur auf die im jeweiligen Bild dargestellten Stabilitätsgrenzen und ist auf andere im Weiteren dargestellten Stabilitätskarten generell nicht übertragbar. Die Simulationsergebnisse sind den messtechnisch ermittelten Stabilitätskarten gegenüber gestellt, um die Anwendbarkeit des Simulationsmodells zu überprüfen (Bild 6-1). Das Prozedere der messtechnischen Ermittlung von Stabilitätskarten mit der gleichen und zeitlich versetzten Eingriffstaktung wird im Abschnitt 6.3 erläutert.

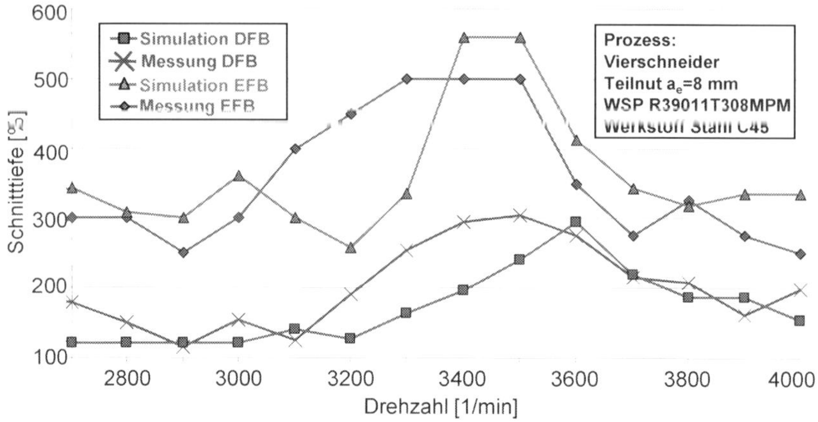

Bild 6-1: Stabilitätsgrenze der ein- und doppelspindligen Fräsbearbeitung. VM1

Figure 6-1: Stability limits in conventional and parallel milling. VM1

Das Modell zur Stabilitätssimulation wurde weiterhin zur Berechnung von Stabilitätskarten des gleich parametrierten doppelspindligen Teilnut-Fräsprozesses unter dem Einsatz von zwei und vierschneidigen Werkzeugen verwendet (Bild 6-2).

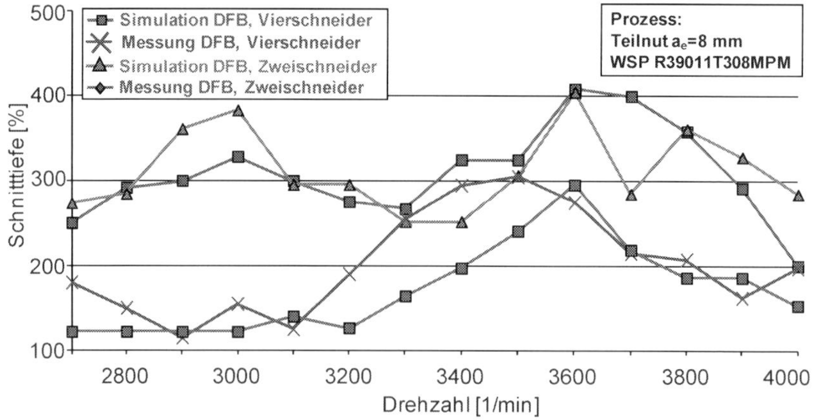

Bild 6-2: Stabilitätskarten der doppelspindligen Bearbeitung mit 2- und 4-Schneidern. VM1

Figure 6-2: Stability diagrams of parallel milling with 2- and 4-cutting edge mills. VM1

Die Gegenüberstellung der simulativ und messtechnisch ermittelten Stabilitätskarten für zwei- und vierschneidige Werkzeuge zeigt eine gute Übereinstimmung. Ausgehend von der ausreichenden Genauigkeit der Berechung von Stabilitätskarten für konventionelle einspindlige Fräsprozesse sowie für doppelspindlige Prozesse mit einer gleichen Werkzeugeingriffstaktung an den beiden Spindeln kann das Simulationsmodell für die Untersuchung von Prozessen mit ungleicher Schneideneingriffstaktung an der Spindel 1 und 2 eingesetzt werden. Bei diesen Bearbeitungsvorgängen finden Werkzeugschneideneingriffe an der Spindel 1 und 2 mit einer Totzeit statt. Die Totzeit zwischen den Eingriffen kann auf unterschiedliche Wege manipuliert werden, z.B. durch Vorgabe eines konstanten relativen Winkelversatzes zwischen den äquivalenten Schneiden beider Werkzeuge oder ungleicher Drehzahlen an der Spindel 1 und 2. Weiterhin kann die Drehzahlkonstanz an der jeweiligen Spindel modifiziert werden. Die genannten Einflussgrößen stellen doppelspindlerspezifische Prozesseinstellungsparameter dar, die im konventionellen Fräsen nicht existieren. In nachfolgenden Abschnitten werden die Ergebnisse der Untersuchung des Einflusses dieser Parameter auf die Prozessstabilität beschrieben.

6.2 Einfluss unterschiedlicher Prozessparameter

Influence of Various Process Parameters

Die doppelspindlige Fräsbearbeitung unterscheidet sich von einem konventionellen Fräsprozess primär durch die zeitliche Relation der Zerspanprozesse an der Spindel 1 und 2 (Bild 6-3). Diese Relation ist durch eine zeitliche Abfolge der Schneideneingriffe an den Spindeln 1 und 2 bestimmt. Wenn die Spindeldrehzahlen n_1 und n_2 zeitlich konstant und untereinander gleich sind, wird die zeitliche Eingriffsabfolge durch den konstanten relativen Winkelversatz der äquivalenten Schneiden des Werkzeugs 1 und 2 definiert (Bild 6-3, Winkel α). Für die Prozessparametrierung mit für jede Spindel unterschiedlichen aber zeitlich konstanten Spindeldrehzahlen wird die zeitliche Eingriffsabfolge durch den Unterschied beider Spindeldrehzahlen $\Delta n = n_1 - n_2$ vorgegeben. Der relative Winkelversatz zwischen den Werkzeugschneiden ist dabei zeitvariabel.

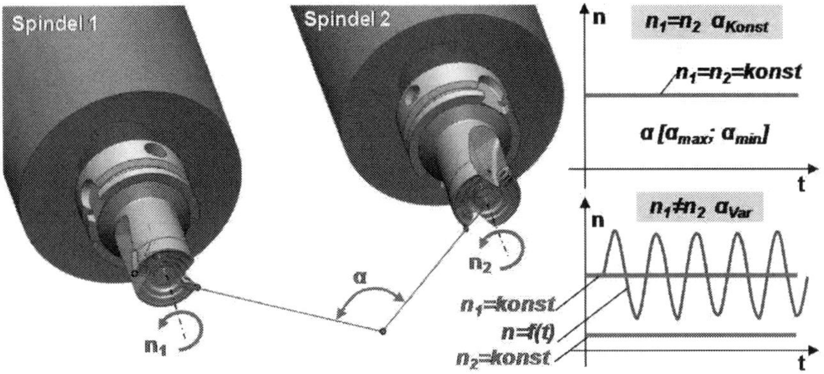

Bild 6-3: Doppelspindler-spezifische Prozessparameter

Figure 6-3: Specific parallel milling parameters

Der Einfluss der zeitlichen Konstanz der Spindeldrehzahl auf die Prozessstabilität konventioneller Fräsprozesse war bereits Gegenstand nationaler und internationaler Forschung, z.B. in [Alre03], [Alti92], [Otto11], [Segu11], [Zhan09]. In den Arbeiten wurde einem mittleren Drehzahlwert ein zusätzlicher sich sinusförmig ändernder

Drehzahlanteil überlagert, um die Entstehung von regenerativen Ratterschwingungen im Prozess zu vermeiden. Bei der doppelspindligen Fräsbearbeitung bekommt diese Optimierungsmaßnahme eine weitere Dimension. Da die Drehzahlen beider Spindeln sowohl nach gleicher zeitlicher Funktion wie auch nach beliebigen unterschiedlichen Funktionsverläufen geändert werden können, ergeben sich zahlreiche Prozessparametrierungsvarianten. Beispielhaft können die Amplitude und Schwingungsfrequenz des jeweiligen zeitvariablen Drehzahlanteils unterschiedlich parametriert werden, eine zeitvariable Drehzahl mit einer zeitlich konstanten Drehzahl kombiniert werden etc.

Im Weiteren werden die oben vorgestellten Optimierungsmaßnahmen bezüglich deren Einflusses auf die Prozessstabilität eingehend untersucht.

6.2.1 Einfluss der relativen Schneidenwinkelstellung

Influence of the Relative Angular Offset of Cutters

Die Vorgabe einer winkelversetzten Position der Werkzeugschneiden zueinander bewirkt eine Zeitverschiebung zwischen den Schneideneingriffen an den beiden Spindeln während der doppelspindligen Bearbeitung. Folglich wird die Interaktion der schwingenden TCP beeinflusst (vgl. Abschnitt 5.1.3). Der Einfluss der relativen Schneidenwinkelstellung wurde an Fräsprozessen mit Zwei- und Vierschneidern untersucht. Die praktische Ermittlung von Stabilitätskarten für Prozesse mit winkelversetzten Werkzeugschneiden an der Spindel 1 und 2 ist im Abschnitt 6.3 beschrieben.

Teilnut-Fräsen, Zweischneider

Bild 6-4 zeigt den Einfluss der relativen Schneidenwinkelstellung auf die Prozessstabilität in einem Teilnut-Fräsprozess mit der Fräsbreite von a_e=8,0 mm und unter dem Einsatz von zweischneidigen Werkzeugen mit Wendeschneidplatten (WSP).

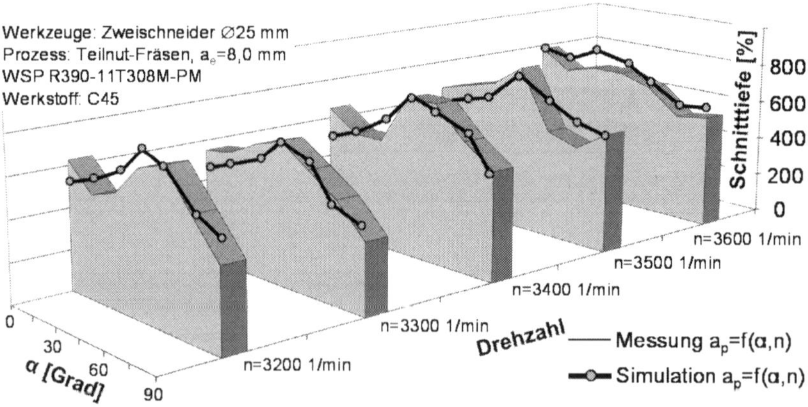

Bild 6-4: Stabilitätskennfeld unter variierender relativer Schneidenwinkelstellung. VM1
Figure 6-4: Characteristic stability field under various angular offsets of mills. VM1

Wie Bild 6-4 zeigt, besitzt der relative Schneidenwinkelversatz einen beachtlichen Einfluss auf die erreichbare Schnitttiefe. Durch eine gezielte Wahl einer günstigen Schneidenwinkelstellung kann die Schnitttiefe bei ansonsten gleichen Prozessparametern wie hier dargestellt um bis zu 170% erhöht werden. Die Simulation zeigt dabei eine gute Übereinstimmung mit den in aufwendigen Zerspanversuchen empirisch ermittelten Werten. Der Verlauf der winkelversatzabhängigen Stabilitätskurve ändert sich von Drehzahl zu Drehzahl und muss somit für einen jeweiligen Bearbeitungsfall bestimmt werden. Die berechneten α-abhängigen Stabilitätskarten sind um den Mittelwert des einstellbaren Winkelversatzes symmetrisch, weshalb die Darstellung sich auf die Hälfte des effektiv möglichen Winkelversatzeinstellbereiches einschränkt. Generell kann der Einstellbereich des relativen Winkelversatz zwischen zwei gleichgeteilten Werkzeugen mit der folgenden Formel bestimmt werden.

$$\alpha_{max} = \frac{360^{\circ}}{z} \qquad \text{(Gl. 6-1)}$$

Mit z - die Zähnezahl des Werkzeugs.

Ein genauerer Vergleich der gemessenen und simulierten α-abhängigen Stabilitätskarte ist anhand einer zweidimensionalen Darstellung möglich (Bild 6-5).

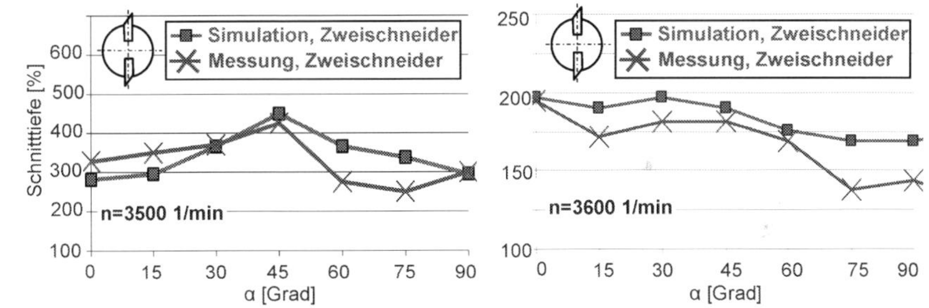

Bild 6-5: Schneidenwinkelstellungsabhängige Stabilitätskarten. VM1

Figure 6-5: Angular offset dependent stability diagrams. VM1

Die simulierte und gemessene Stabilitätsgrenze zeigt eine gute Übereinstimmung bei vereinzelten quantitativen Abweichungen. Bild 6-5, rechts, zeigt den winkelversatzabhängigen Verlauf der Stabilitätsgrenze bei n=3600 1/min. Auffällig ist das Verhältnis der minimal und maximal erreichbaren messtechnisch ermittelten Schnitttiefe in verschiedenen relativen Winkelstellungen der Werkzeuge von a_{pmax}/a_{pmin}=140%. Bei der Drehzahl von 3500 1/min beträgt dieses Verhältnis 170%.

Teilnut-Fräsen, Vierschneider

Das Stabilitätsverhalten des Teilnutfräsprozesses mit einer Fräsbreite von a_e=8,0 mm wurde weiterhin unter dem Einsatz von Vierschneidern untersucht. Eine höhere Schneidenzahl hat den verkleinerten Winkelversatzeinstellbereich zu Folge, der bei z=4 90° beträgt. Ähnlich wie bei den oben beschriebenen Prozessen mit Zweischneidern ist der Kurvenverlauf um den mittleren Wert des einstellbaren Winkelversatzbereiches nahezu symmetrisch. Bild 6-6 zeigt die α-abhängigen Stabilitätskarten im Drehzahlbereich von 3300 1/min bis 3600 1/min. Bei 3500 1/min und 3600 1/min liegt in der Stabilitätskarte der Bereich der höchsten Zerspanungsproduktivität vor, in dem eine weitere Prozessoptimierung mittels der relativen Schneidenwinkelstellung zielführend ist (vgl. Bild 6-2). Die Produktivität wird durch das Zeitspanungsvolumen beschrieben, welches mit Hilfe der folgenden Formel berechnet wird (Gl. 6-2).

$$\dot{V}_{Zersp} = a_p \cdot a_e \cdot f_z \cdot z \cdot \frac{n}{60} \qquad \text{(Gl. 6-2)}$$

Bei der Drehzahl von 3500 1/min beträgt das Verhältnis a_{pmax}/a_{pmin}=150%, was ein beachtliches Schnitttiefen- und Produktivitätssteigerungspotential bedeutet. Die in Bild 6-6 gezeigten Simulationsergebnisse stimmen mit den Messwerten gut überein. Allerdings ist z.B. bei n=3300 1/min und n=3400 1/min eine deutliche Abweichung zwischen Messung und Berechnung festzustellen. Die Abweichung wird im gesamten Bereich des einstellbaren Schneidenwinkelversatzes beobachtet und ist auf die Ungenauigkeiten bei der Berechnung der konventionellen Stabilitätskarte im einspindligen Betrieb zurückzuführen (vgl. Bild 6-2). Die Gründe für diese Abweichungen wurden bereits im Abschnitt 5.2.2 erläutert. Der qualitative Kurvenverlauf bleibt dennoch korrekt, weshalb eine simulative Ermittlung des günstigen α-Wertes möglich ist.

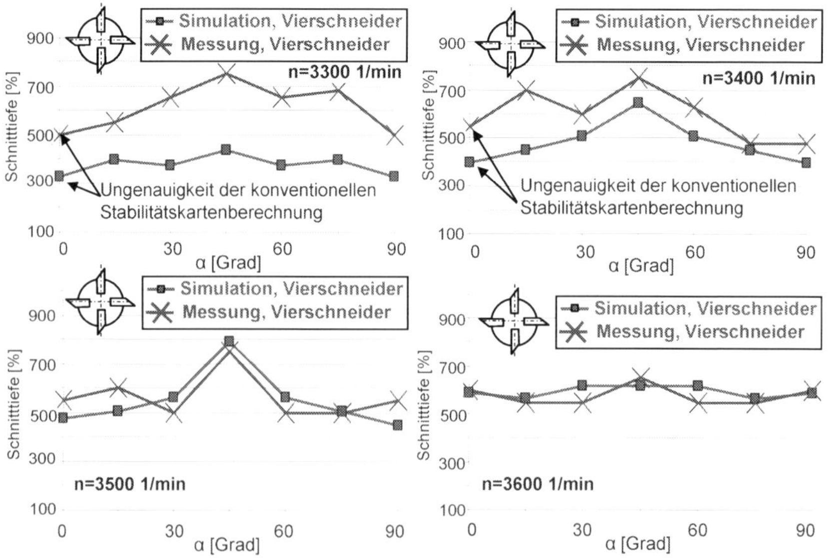

Bild 6-6: Winkelversatzabhängige Stabilitätskarten. Werkzeug – Vierschneider. VM1

Figure 6-6: Angular offset dependent stability diagrams. Mill with 4 cutting edges. VM1

Neben den Teilnut-Prozessen wurden auch Vollnut-Fräsprozesse untersucht. Die Erkenntnisse sind im folgenden Abschnitt beschrieben.

Vollnut-Fräsen, Zweischneider

Die simulative Untersuchung von Vollnut-Prozessen erfolgte anhand von Prozessanordnungen mit Fräswerkzeugen, die einen Durchmesser von 32 mm und zwei Schneiden aufweisen. Vor der Untersuchung des Einflusses der ungleichen Eingriffstaktung an der Spindel 1 und 2 auf das Stabilitätsverhalten wurde die Stabilitätskarte des gleichgetakteten Prozesses ermittelt (Bild 6-7). Die berechnete Stabilitätskarte stimmt mit der messtechnisch ermittelten vorwiegend gut überein. Im Bereich der höheren Schnittgeschwindigkeiten sind allerdings quantitative Abweichungen zwischen Messung und Berechnung unter Beibehaltung des qualitativ richtigen Verlaufs festzustellen, die auf die im Abschnitt 5.2.2 aufgeführten Einflüsse zurückzuführen sind. Die Stabilitätsgrenze steigt im Bereich der höheren Drehzahlen, sodass hier die maximal erreichbare Produktivität (vgl. (Gl. 6-2)) der Maschine erzielt wird.

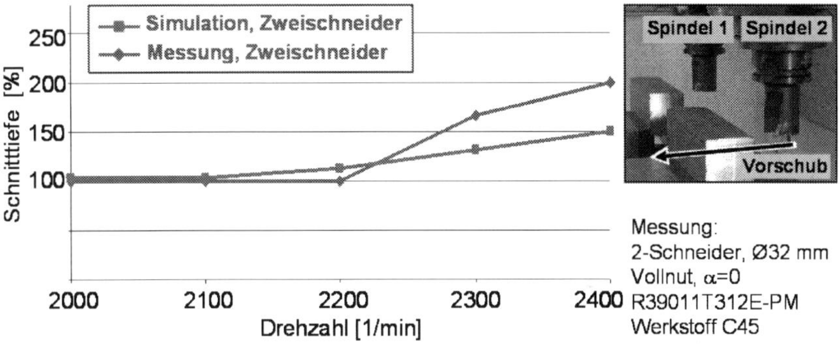

Bild 6-7: Stabilitätskarte des doppelspindligen Vollnut-Fräsprozesses. Zweischneider. VM1

Figure 6-7: Stability diagram of a parallel slot milling process. Mills with 2 cutting edges. VM1

Wie bereits am Beispiel der Teilnut-Prozesse beobachtet, zeigen sowohl praktische als auch simulative Untersuchungen des Stabilitätsverhaltens von ungleichgetakteten Prozessen, dass die Änderung der erreichbaren Schnitttiefe unter verschiedenen α oft umso kleiner ist, je niedriger die Anfangsschnitttiefe bei α=0° ist (vgl. Bild 6-8, n=2200 1/min, Bild 6-6 n=3300 min^{-1}). Daher ist die genaue Untersuchung des Stabilitätsverhaltens im Bereich der höchsten zulässigen Drehzahlen und der größten erreichbaren Schnittiefe zielführend. Die Abhängigkeit der Einflussstärke des Winkelversatzes der Werkzeuge auf die Prozessstabilität von der Anfangsschnitttiefe ist in Bild 6-8 verdeutlicht.

Im Vergleich zu den im Folgenden beschriebenen winkelversatzabhängigen Stabilitätskarten bei der Drehzahl von 2300 1/min sowie 2400 1/min (Bild 6-9, Bild 6-10) ist die Änderung der Stabilitätsgrenze bei der Drehzahl von 2200 1/min bei der Variation des Winkelversatzes deutlich weniger ausgeprägt (vgl. Bild 6-7).

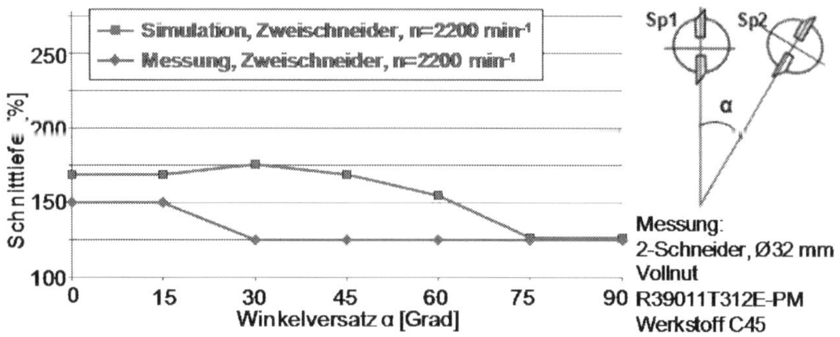

Bild 6-8: Winkelversatzabhängige Stabilitätskarten. Vollnutprozess. n=2200 1/min. VM1

Figure 6-8: Angular offset dependent stability diagrams. Slot milling. n=2000 1/min. VM1

Bild 6-9 zeigt die α-abhängige Stabilitätskarte bei einer Drehzahl von 2300 1/min. Eine Variation des Winkelversatzes im Bereich von 0° bis 90° bewirkt eine Reduzierung der stabil erreichbaren Schnitttiefe. Beim Vergleich der simulierten und mittels der Bearbeitungstests ermittelten Kurven ist die aus der Stabilitätskarte des gleichgetakteten Prozesses hervorgehende quantitative Abweichung zu erkennen. Das Verhältnis a_{pmax}/a_{pmin} bei der messtechnisch ermittelten Stabilitätsgrenze beträgt ca. 185%. Die ungünstigste Prozessanordnung wird bei einem Winkelversatz von 90° beobachtet.

Bei diesem Prozess wurden primär die Resonanzstellen im Bereich zwischen 100 Hz und 300 Hz angeregt, bei denen eine Torsion des Y-Schlittens sowie eine Biegung des Maschinentisches beobachtet wurden (vgl. Bild 4-9).

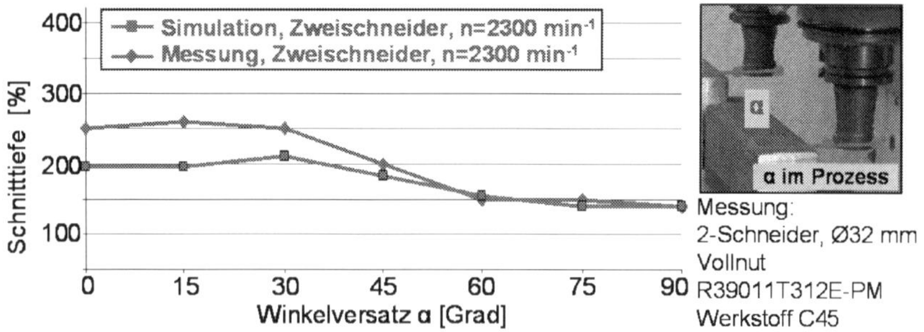

Bild 6-9: Winkelversatzabhängige Stabilitätskarte. Vollnutprozess. n=2300 1/min. VM1

Figure 6-9: Angular offset dependent stability diagrams. Slot milling. n=2300 1/min. VM1

Das Stabilitäts- und Schwingungsverhalten unter der variierenden relativen Schneidenwinkelposition bei einer Drehzahl von 2400 1/min ist dem Verhalten bei n=2300 1/min ähnlich. Bild 6-10 zeigt die gemessenen und berechneten Stabilitätsgrenzen bei verschiedenen Werten des Winkelversatzes α im Bereich von 0 bis 90°.

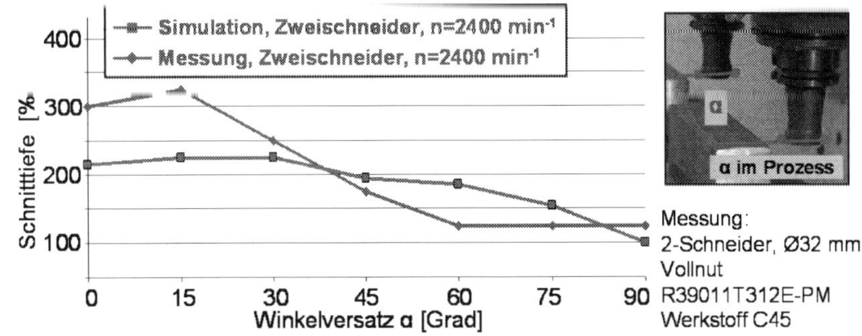

Bild 6-10: Winkelversatzabhängige Stabilitätskarte. Vollnutprozess. n=2400 1/min. VM1

Figure 6-10: Angular offset dependent stability diagrams. Slot milling. n=2400 1/min. VM1

Der Verlauf der Stabilitätsgrenze weist die günstigste Prozessanordnung im Bereich der α-Werte von 0° bis 15°. Auffällig ist das Verhältnis a_{pmax}/a_{pmin} bei der messtechnisch ermittelten Grenze von mehr als 250%. Quantitativ weisen beide Kurven wahrnehmbare Abweichung auf. Dennoch ist die eindeutige qualitative Bestimmung von günstigen und ungünstigen relativen Winkelstellungen α mittels der Simulation in einer guten Übereinstimmung mit der Messung möglich.

6.2.2 Einfluss der Drehzahlphase

Influence of the Spindle Speed Difference

Die Drehzahlen der beiden Spindeln in einem doppelspindligen Fräsprozess können sowohl gleiche als auch unterschiedliche Werte annehmen. Unterschiedliche Drehzahlkombinationen beeinflussen die Eingriffstaktung der Werkzeuge des Doppelspindlers und bieten eine weitere zu optimierende Prozesseinstellung. Der Einfluss der Drehzahlphase auf das Stabilitätsverhalten des Doppelspindlers kann auf Basis von konventionellen Stabilitätskarten untersucht werden. Vorwiegend sind Spindeldrehzahlkombinationen im Bereich der höchsten zulässigen Geschwindigkeit von Interesse, da bei denen die Zerspanungsproduktivität maximiert wird.

Teilnut-Fräsprozesse

Bild 6-11 zeigt simulierte Stabilitätskarten bei verschiedenen Drehzahlkombinationen unter dem Einsatz von Zwei- und Vierschneidern mit Ø25 mm. Als Bezugsgröße ist die konventionelle Stabilitätskarte mit $n_1=n_2$ aufgeführt. Bei der Simulation wurde die Drehzahl der Spindel 1 im Bereich von 3000 1/min bis 4000 1/min variiert. Die Drehzahl der Spindel 2 wurde dabei bei einem konstanten Wert, z.B. 3600 1/min, gehalten.

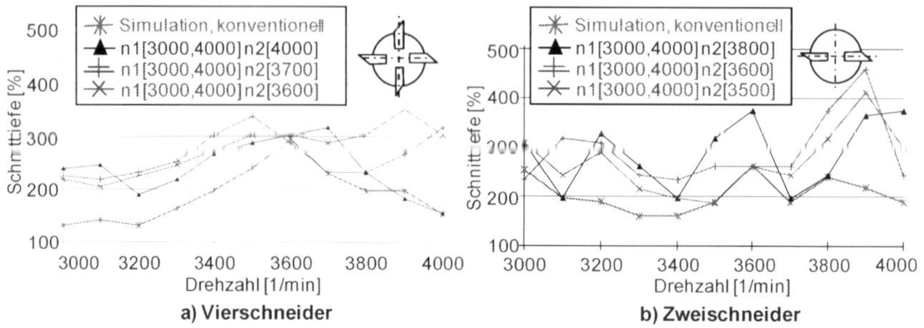

Bild 6-11: Berechnete Stabilitätskarten unter unterschiedlichen Spindeldrehzahlen im Teilnut-Prozess

Figure 6-11: Simulated stability diagrams of open slot milling process under unequal spindle speeds

Die Stabilitätsgrenze des Fräsprozesses mit vierschneidigen Werkzeugen zeigt eine mehr als zweifache Steigerung der erreichbaren Schnitttiefe bei der Drehzahlkombination n_1=4000 1/min, n_2=3700 1/min. Dabei ist das erreichbare Zeitspanungsvolumen um den Faktor 1.97 höher als beim Prozess mit $n_1=n_2$. Das Zeitspanungsvolumenverhältnis lässt sich mit folgender Formel berechnen:

$$\frac{\dot{V}_1}{\dot{V}_2} = \frac{n_1 + n_2}{2n_1} \cdot \frac{a_{p1}}{a_{p2}} \qquad \text{(Gl. 6-3)}$$

Wobei $\dot{V}_1$ ist das umsetzbare Zeitspanungsvolumen bei der Bearbeitung mit ungleichen Drehzahlen und a_{p1} die umsetzbare Schnitttiefe. $\dot{V}_2$ ist das stabil erreichbare Zeitspanungsvolumen bei der Bearbeitung mit $n_1=n_2$ und einer Grenzschnitttiefe von a_{p2}.

Die Simulation des Fräsprozesses mit zweischneidigen Werkzeugen (Bild 6-11, rechts) zeigt die günstigste Spindeldrehzahlkombination bei n_1=4000 1/min, n_2=3800 1/min auf. Dabei kann das erzielbare Zeitspanungsvolumen um den Faktor 2,1 gesteigert werden.

Vollnut-Fräsprozesse

Die simulative Untersuchung des Einflusses der unterschiedlichen Drehzahlen an der Spindel 1 und 2 auf die Prozessstabilität wurde auch für Vollnut-Prozesse durchgeführt. Das Stabilitätsverhalten wurde im oberen zulässigen Drehzahlbereich untersucht, der durch die Eigenschaften der bei den Bearbeitungstests verwendeten Wendeschneidplatten bestimmt wurde (Bild 6-12). Die Simulationsergebnisse zeigen einen negativen Einfluss der Drehzahlphase auf das Stabilitätsverhalten im Bereich 2200-2400 1/min. Im Bereich 2000-2200 1/min konnte die Stabilitätsgrenze durch die Einstellung unterschiedlicher Drehzahlen um ca. 15% bis 30% erhöht werden.

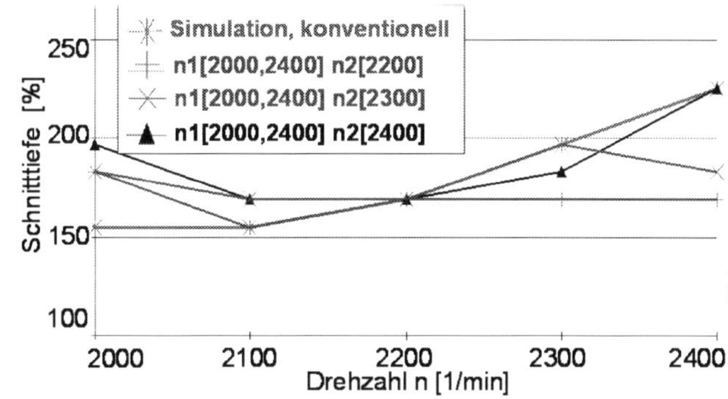

Messung:
2-Schneider, Ø32 mm
Vollnut
R39011T312E-PM
Werkstoff C45

Bild 6-12: Stabilitätskarten unter unterschiedlichen Spindeldrehzahlen im Vollnutprozess

Figure 6-12: Simulated stability diagrams of slot milling process under unequal spindle speeds

Aus den dargestellten Ergebnissen ist der starke Einfluss der Drehzahlphase auf die Stabilität von Teil- und Vollnut-Prozessen festzustellen. Dieser doppelspindlerspezifische Prozessparameter kann für die Optimierung der Prozessstabilität in der Industrie Anwendung finden, da die Funktionalität zur Einstellung von unterschiedlichen Spindeldrehzahlen in nahezu allen bekannten numerischen Maschinensteuerungen für Doppelspindler vorhanden ist. Die Bestimmung der optimalen Drehzahlkonstellation kann relativ zeiteffizient durchgeführt werden, da der für die Optimierung relevante Spindeldrehzahlbereich durch die zulässige Schnittgeschwindigkeit bestimmt wird.

Neben der zeitlich konstanten Parametrierung des doppelspindligen Fräsprozesses können die Spindeldrehzahlen zeitvariabel vorgegeben werden. Prozesse mit zeitlich variabler Drehzahl sind im folgenden Abschnitt analysiert.

6.2.3 Einfluss der Drehzahlkonstanz

Influence of the Spindle Speed Variation

Bei der doppelspindligen Fräsbearbeitung kann die zeitliche Relation der Zerspanprozesse nicht nur durch den relativen Winkelversatz α oder die Drehzahlphase an der Spindel 1 und 2 vorgegeben werden, sondern auch durch die zeitvariable Spindeldrehzahl (Bild 6-13).

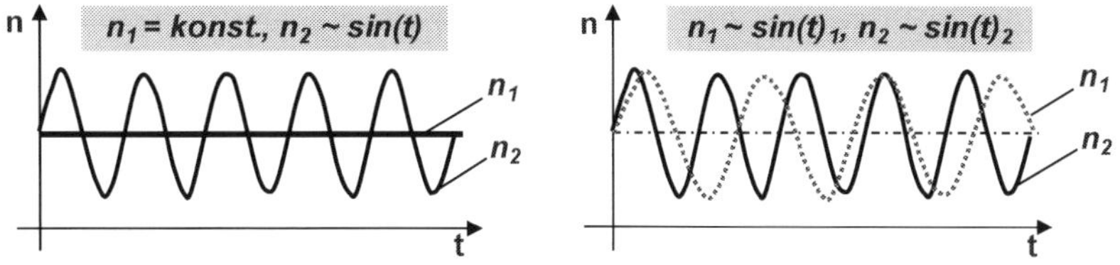

Bild 6-13: Zeitliche Relation der Spindeldrehzahlen

Figure 6-13: Temporal relation of spindle speeds

Dabei können die Parameter der Zeitfunktion an der Spindel 1 und 2 sowohl identisch als auch unterschiedlich sein.

Die Modellierung von Prozessen mit zeitvariablen Drehzahlen erfordert eine Erweiterung des Simulationsmodells um einen Algorithmus zur Abbildung der zeitvariablen Umdrehungsperiode und der Totzeit zwischen den aufeinander folgenden Schneideneingriffen. Dieser Algorithmus ermöglicht die Berechnung der Eingriffstotzeit in jedem Simulationsschritt und deren Abbildung im Wirkungskreis. Bild 6-14 zeigt den Verlauf des Drehwinkels über der Zeit bei einer Drehzahl mit einer überlagerten Sinus-Schwingung im Vergleich zu einer konstanten Drehzahl. Im Gegensatz zur konstanten Spindeldrehzahl weist der aufsummierte Drehwinkel eine variable Neigung der Kurve. Bezogen auf eine Umdrehung weist der zeitliche Verlauf der Drehwinkelgröße unterschiedliche Zeitabstände zwischen aufeinander folgenden Spindelumdrehungen auf (Bild 6-14, rechts).

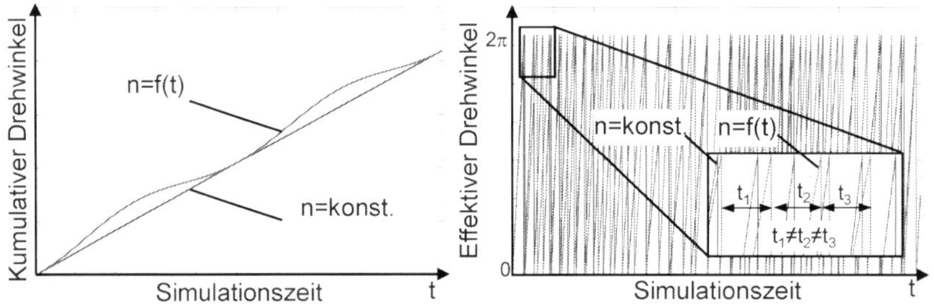

Bild 6-14: Kumulativer und effektiver Drehwinkel bei zeitvariabler Drehzahl

Figure 6-14: Cumulated and effective rotational angle under time variable spindle speed

Bild 6-15 zeigt beispielhaft den Verlauf der Totzeit zwischen den aufeinanderfolgenden Werkzeugeingriffen eines Einschneiders bei einer konstanten Drehzahl, der Totzeit als Kehrwert der sinusförmigen zeitvariablen Drehzahl sowie als Zeit zwischen zwei aufeinander folgenden vollen Spindelumdrehungen, die dem tatsächlichen Zeitabstand zwischen zwei aufeinander folgenden Einschnitten der Werkzeugschneiden in dieselbe Oberflächenwelligkeit bei zeitvariabler Drehzahl entspricht. Diese Totzeit kann somit als Funktion des Drehwinkels $T_{tW}=f(\Delta\varphi)$ beschrieben werden. Beim Einsatz von mehrschneidigen Werkzeugen (z>1) ist die Totzeit zwischen den Eingriffen von zwei benachbarten Schneiden zu berücksichtigen.

Bild 6-15 ist zu entnehmen, dass die Totzeit T_{tW} eine Phasenverschiebung zum einfachen reziproken Wert der zeitvariablen Drehzahl $T_t=1/n$ aufweist. Um diese Totzeit in der zeitdiskreten Simulation zu berücksichtigen, muss die Funktion $T_{tW}=f(\Delta\varphi)$ mittels eines Curve-Fitting-Verfahrens mathematisch nachgebildet werden. Dafür eignet sich die Summenfunktion aus mehreren Sinusschwingungen gemäß der Gleichung (Gl. 6-4).

$$Y = a_1 \cdot \sin(b_1 \cdot x + c_1) + a_2 \cdot \sin(b_2 \cdot x + c_2) + \ldots + a_8 \cdot \sin(b_8 \cdot x + c_8) \qquad \text{(Gl. 6-4)}$$

Bild 6-15, rechts zeigt die ursprünglichen und mathematisch nachgebildeten zeitkontinuierlichen Funktionen. Die letztere liefert in Abhängigkeit der Zeit die entsprechende Totzeit im jeweiligen Simulationsschritt.

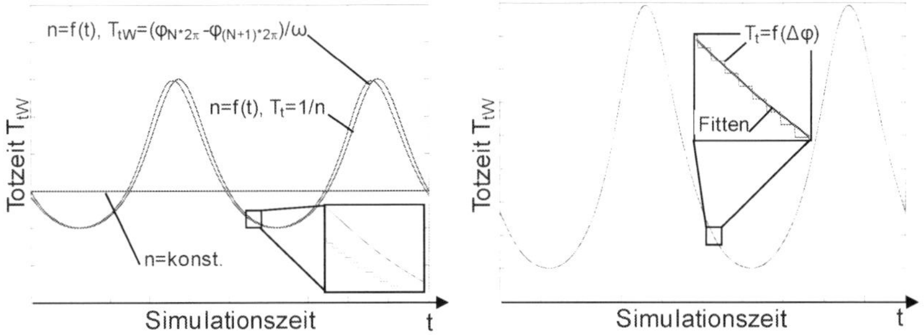

Bild 6-15: Effektive und gefittete Eingriffstotzeit bei sinusförmiger Drehzahlvariation

Figure 6-15: Effective and fitted time delay under sine-shape spindle speed variation

Die simulative Untersuchung des Einflusses der harmonischen zeitvariablen Drehzahl auf die Prozessstabilität wurde zunächst mit einer gleichen Parametrierung der Drehzahl an den beiden Spindeln und unter dem Einsatz des konventionellen Stabilitätsbeurteilungskriteriums (vgl. Abschnitt 2.3.3) durchgeführt. Dabei erfolgte die Simulation für einen Vollnut-Fräsprozess an der Versuchsmaschine VM2 (vgl. Kapitel 4). Variiert wurde die Periode und Amplitude der mit der zeitlich konstanten Drehzahl überlagerten Sinusschwingung.

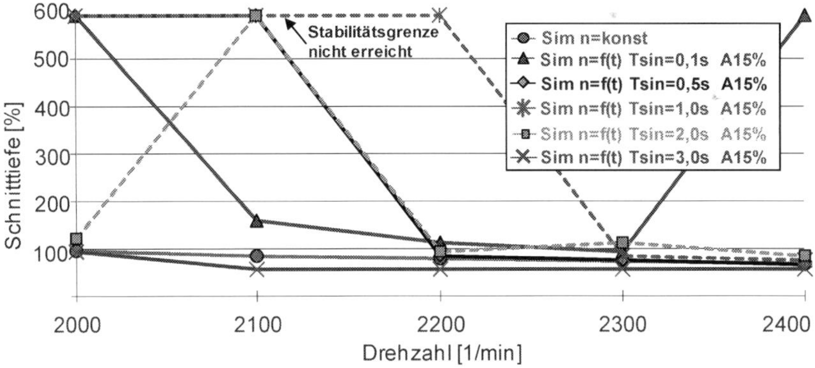

Bild 6-16: Einfluss der Drehzahlvariation auf die Prozessstabilität. Simulation. Konventionelles Stabilitätsbeurteilungskriterium. VM2

Figure 6-16: Influence of the spindle speed variation on process stability. Simulation. Conventional stability evaluation criterion. VM2

Bild 6-16 zeigt die simulativ ermittelten Stabilitätskarten. Die Schwingungsamplitude beträgt hier 15% der jeweiligen Spindeldrehzahl („A15%"). Die Schwingungsperiode wurde im Bereich zwischen 0,1 s und 3,0 s variiert. Als Referenz ist die Stabilitätsgrenze beim konventionellen doppelspindligen Fräsen mit den zeitkonstanten Spindeldrehzahlen aufgeführt („Sim n=konst"). Es ist zu erkennen, dass die zeitvariable Spindeldrehzahl einen erheblichen Einfluss auf die Prozessstabilität ausübt. Bei allen Parametrierungsvarianten mit der Sinus-Periode kleiner als 3,0 Sekunden wurde die Stabilitätsgrenze nicht erreicht. Die Überprüfung der zeitlichen Verläufen der simulierten TCP-Verlagerungen zeigte, dass die Prozesse mit zeitvariabler Spindeldrehzahl wesentlich vielfältigere Amplitudenverlaufsarten aufweisen können, als die Prozesse mit zeitkonstanten Spindeldrehzahlen (vgl. Bild 2-16). Aufgrund der variablen Schneideneingriffsfrequenz kommt es vielfach zum Auftreten progressiver Amplitudenverläufe, die auf eine Entwicklung der regenerativen Ratterschwingungen hindeuten. Anschließend klingen diese Schwingungen aus und der Prozess stabilisiert sich wieder (Bild 6-17). Eine Analyse der spektralen Zusammensetzung zeigt, dass bei der zeitvariablen Spindeldrehzahl unterschiedliche Resonanzfrequenzen der Maschinenstruktur zur Ratterschwingung angeregt werden können. Im betrachteten Prozess mit konstanten Spindeldrehzahlen lag die Ratterfrequenz bei ca. 56 Hz. Im Prozess mit variabler Spindeldrehzahl sind in temporären Überschwingbereichen Schwingungen bei ca. 270 Hz festzustellen, die auf eine andere Resonanzstelle zurückzuführen sind (vgl. Bild 7-11).

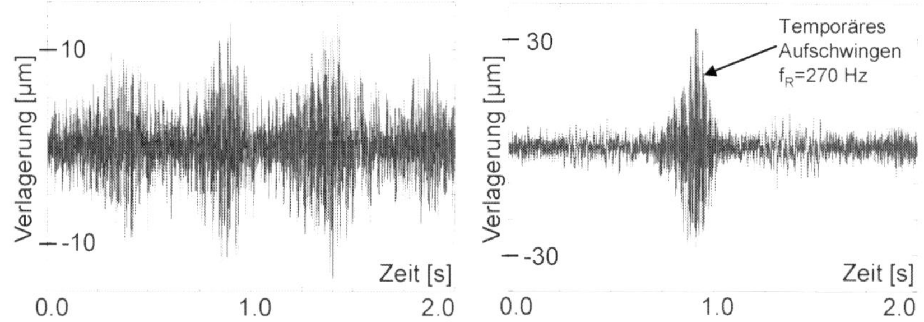

Bild 6-17: Simulierte dynamische Verlagerung des TCP in Spandickenänderungsrichtung bei der Spindeldrehzahlvariation

Figure 6-17: Simulated dynamic displacement of the TCP in the direction of chip thickness alteration under variable spindle speed

Das in Bild 6-17 gezeigte Schwingungsverhalten erfordert den Einsatz von modifizierten Stabilitätsbeurteilungskriterien, da die für Prozesse mit zeitkonstanten Spindeldrehzahlen geeigneten Methoden bei den Prozessen mit zeitvariablen Drehzahlen nicht immer eine zuverlässige Erkennung einer Prozessinstabilität gewährleisten. Das modifizierte Kriterium bewertet die Prozessstabilität nicht nur anhand der Anfangs- und Endamplitude, sondern berücksichtigt auch die Schwingungsamplitude im mittleren Bereich des zeitlichen Schwingungssignals. Falls die Schwingungsamplitude im mittleren Bereich das Niveau im Anfangsbereich (0 bis 10% der Signallänge) beachtlich überhöht, wird das Signal als instabil bewertet (vgl. Bild 6-17, rechts). Die Analyse der Schwingungsamplitude im mittleren Bereich des Signals wird durchgeführt, wenn der Vergleich der maximalen Schwingungsamplitude im Anfangs- und Endbereich (90% - 100% der Signallänge) auf ein stabiles Signal schließen lässt.

Eine rechnerisch ermittelte Stabilitätskarte unter dem Einsatz des modifizierten Stabilitätskriteriums ist in Bild 6-18 dargestellt. Das überhöhte Niveau der mit dem konventionellen Stabilitätskriterium berechneten Stabilitätsgrenze ist im Vergleich zur Stabilitätsgrenze nach dem modifizierten Beurteilungskriterium („MBK") deutlich erkennbar.

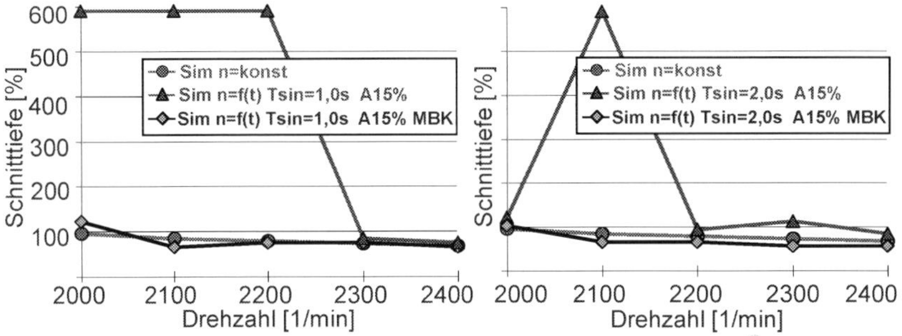

Bild 6-18: Berechnete Stabilitätskarten mit und ohne Berücksichtigung von temporären Aufschwingungen im Stabilitätskriterium (MBK). VM2

Figure 6-18: Simulated stability diagrams with and without consideration of temporary amplitude increase by the stability criterion (MBK). VM2

Mit Hilfe des modifizierten Stabilitätskriteriums ist es weiterhin möglich, den Einfluss verschiedener Parameter der Sinusschwingung auf das Stabilitätsverhalten simulativ zu untersuchen. Bild 6-19 zeigt eine Gegenüberstellung von Stabilitätsgrenzen bei konstanter und zeitvariabler Drehzahl.

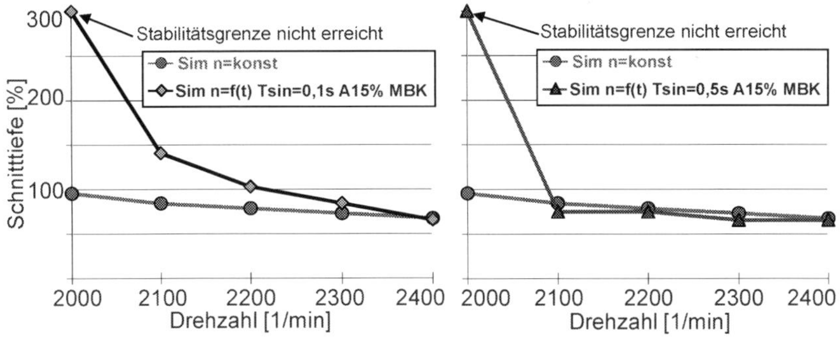

Bild 6-19: Einfluss der Sinusschwingungsperiode auf die Stabilitätsgrenze. MBK. VM2

Figure 6-19: Influence of the sine vibration period onto stability diagram. MBK. VM2

Die zeitvariable Drehzahl an den beiden Spindeln wurde dabei gleich parametriert. Zu erkennen ist, dass die eine Sinusschwingung der Drehzahl mit der Amplitude von 15% und einer Schwingungsperiode von 0,1 s (Bild 6-19, links) bzw. 0,5 s (Bild 6-19, rechts) zu einer erheblichen Steigerung der Prozessstabilität führt. Selbst bei einer dreifachen Überhöhung der Grenzspantiefe bei 2000 1/min konnte keine Instabilität des Prozesses festgestellt werden. Bei anderen Drehzahlen ist eine vergleichsweise niedrigere Grenzschnitttiefenänderung festzustellen.

Eine sinusförmige Drehzahlvariation mit einer niedrigen Schwingungsperiode bewirkt im betrachteten Beispielsprozess generell eine deutliche Erhöhung der Stabilitätsgrenze bei sämtlichen untersuchten Drehzahlamplituden (Bild 6-20, Sinusamplituden von 10% und 20%). Die Überlagerung einer langsamen Sinusschwingung mit größerer Schwingungsperiode (mehr als eine Sekunde) bewirkt eine Reduzierung der erreichbaren Schnitttiefe (Bild 6-18, Bild 6-20).

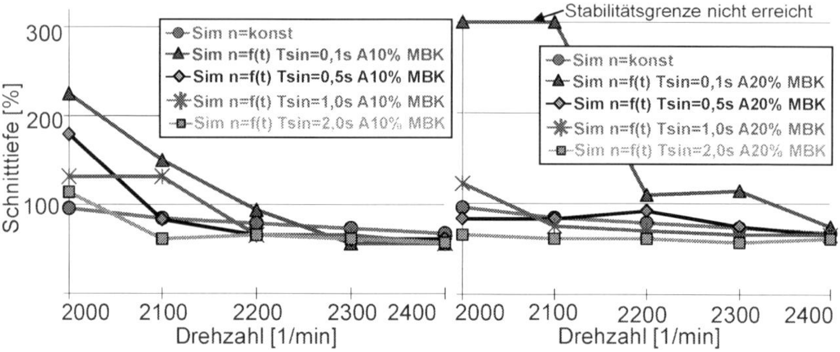

Bild 6-20: Einfluss der Schwingungsperiode der zeitvariablen Drehzahl bei unterschiedlichen Schwingungsamplituden auf das Stabilitätsverhalten. VM2

Figure 6-20: Influence of the time variable spindle speed vibration period under different vibration amplitudes on the stability behavior. VM2

Vom Gesichtspunkt der praktischen Umsetzung der variablen Spindeldrehzahl an einer realen Maschine ist die Dynamik der Antriebe der begrenzende Faktor. Eine hochfrequente Variation der Drehzahl mit einer großen Amplitude erfordert ein beachtliches Beschleunigungs- und Ruckvermögen des Antriebs und wirkt sich dementsprechend negativ auf die Energieeffizienz aus. Weiterhin stellt die periodische Beschleunigung und das Abbremsen eine weitere Anregungsquelle dar. Daher ist es von Interesse, ob eine signifikante Stabilitätserhöhung durch eine ungleiche Parametrierung der Drehzahlsinusschwingung an der Spindel 1 und 2 unter einer niedrigeren Belastung der Antriebe möglich ist.

Bild 6-21 zeigt die Stabilitätsgrenze des Originalprozesses mit gleichen und zeitlich konstanten Drehzahlen sowie die Stabilitätsgrenzen von Prozessen mit den zeitvariablen Drehzahlen. Dabei sind zwei Stabilitätsgrenzen der Prozesse mit der gleichen Parametrierung der Drehzahlschwingung an der Spindel 1 und 2 sowie die erreichbare Grenzspantiefe bei ungleicher Parametrierung der zeitvariablen Drehzahl aufgeführt. In Bild 6-21, links, sind die Stabilitätskurven bei einer Schwingungsperiode von 0,1 s („Tsin") und 10% bzw. 15% Schwingungsamplitude („A") an den beiden Spindeln aufgeführt. Zum Vergleich ist im selben Bildteil die Stabilitätsgrenze bei der ungleich parametrierten sinusförmigen Drehzahl der Spindel 1 mit einer Periode $Tsin_1$=0,1 s und Amplitude A_1=10% sowie der Drehzahl der Spindel 2 mit einer

$Tsin_2$=0,1 s und Amplitude A_2=15% dargestellt. Aus Analogie sind die Stabilitätsgrenzen in Bild 6-21, rechts, für die Amplituden von 10% und 20% bei derselben Schwingungsperiode von 0,1 s dargestellt. Es ist ersichtlich, dass die Stabilitätsgrenze des Prozesses mit der ungleichen Parametrierung der Drehzahlschwingung an der Spindel 1 und 2 eine Erhöhung der erreichbaren Schnitttiefe gegenüber dem betrachteten Prozess mit der niedrigeren Sinusamplitude, die für die beiden Spindeln gleich ist (Bild 6-21, A=10%), ermöglichen.

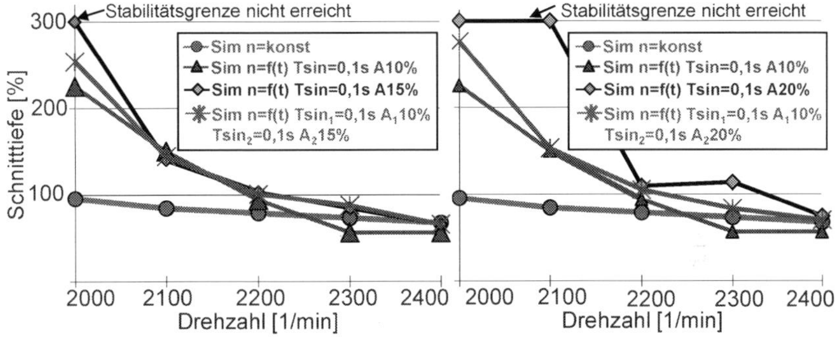

Bild 6-21: Einfluss der unterschiedlichen Drehzahlschwingungsamplituden an der Spindel 1 und 2 auf die Stabilitätsgrenze. MBK. VM2

Figure 6-21: Influence of different spindle speed vibration amplitudes at the spindle 1 and 2 on the stability diagram. MBK. VM2

Sie lässt, allerdings, das Stabilitätsniveau des zweiten Prozesses mit der größeren Schwingungsamplitude der gleichparametrierten zeitvariablen Spindeldrehzahlen (Bild 6-21, A=15% bzw. A=20%) nicht erreichen.

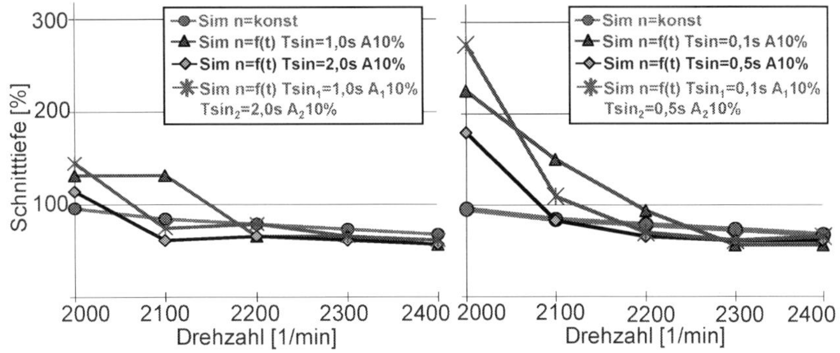

Bild 6-22: Einfluss der unterschiedlichen Drehzahlschwingungsperiode an der Spindel 1 und 2 auf die Stabilitätsgrenze. MBK. VM2

Figure 6-22: Influence of different spindle speed vibration periods at the spindle 1 and 2 on the stability limit. MBK. VM2

Im Gegensatz dazu, wird bei der ungleichen Parametrierung der Schwingungsperiode (Tsin) der zeitvariablen Drehzahl eine höhere erreichbare Schnitttiefe beobachtet, als bei den Prozessen mit der identischen Drehzahlparametrierung an der Spindel 1 und 2 (Bild 6-22).

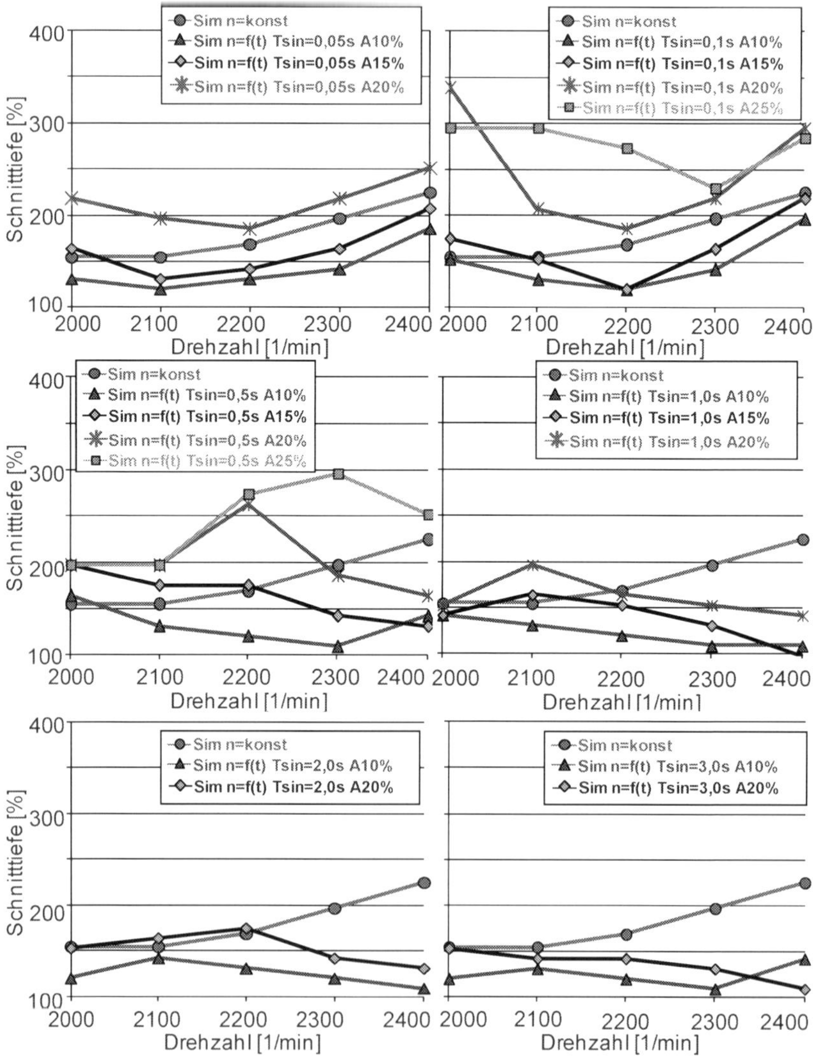

Bild 6-23: Einfluss der Drehzahlvariation auf die Stabilitätsgrenze der Versuchsmaschine VM1. MBK

Figure 6-23: Influence of the spindle speed variation on the stability limit of the test machine VM1. MBK

Dieser Effekt ermöglicht es, eine solche Einstellung der zeitvariablen Spindeldrehzahl zu finden, bei der die höchste erreichbare Schnitttiefe unter den möglichst kleinen Variationsamplituden sowie möglichst großen Perioden der Sinusschwingung festzustellen ist. Hiermit ist es möglich, die Belastung der Antriebe und die zusätzliche Schwingungsanregung der Maschinenstruktur zu reduzieren sowie die Energieeffizienz der Bearbeitung zu erhöhen.

Zur Darlegung der allgemeinen Gültigkeit der oben gezeigten Simulationsergebnisse sind in Bild 6-23 die berechneten Stabilitätskarten von gleichen Vollnutprozessen (vgl. Bild 6-7) an der Versuchsmaschine 1 (VM1, vgl. Kapitel 4) dargestellt. Die gezeigten Stabilitätsdiagramme wurden mit Hilfe des modifizierten Stabilitätskriteriums berechnet.

Es ist zu erkennen, dass die Stabilitätsgrenze bei steigender Variationsamplitude und Variationsfrequenz erhöht wird. Eine langsamere sinusförmige Änderung der Drehzahl (ab einer Schwingungsperiode von 2,0 Sekunden) bewirkt ausschließlich eine Reduzierung der erreichbaren Schnitttiefe (Bild 6-23). Dies stimmt mit den ermittelten Abhängigkeiten für die Versuchsmaschine 2 (VM2) überein (Bild 6-20- Bild 6-22).

Die rechnerisch ermittelten Abhängigkeiten lassen einen ausgeprägten Einfluss der Drehzahlkonstanz auf das Stabilitätsverhalten von doppelspindligen Fräsprozessen feststellen. Die Festlegung der einzelnen Parameter der zeitvariablen Drehzahlen wie die Amplitude, Frequenz sowie die Relation dieser Parameter an der Spindel 1 und 2 soll für die jeweilige Prozesskonstellation separat erfolgen, da der Einfluss auf die Prozessstabilität nicht allgemein gültig abgeschätzt werden kann.

6.2.4 Einfluss unterschiedlicher Schneidenzahlen beider Werkzeuge

Influence of the Unequal Number of Cutters of Both Tools

Bei der doppelspindligen Fräsbearbeitung kommen unterschiedliche Werkzeuge zum Einsatz. In diesem Abschnitt wird der Einfluss von Werkzeugen in gleicher Ausführung jedoch mit unterschiedlicher Schneidenzahl z auf die Prozessstabilität untersucht. Dazu wird nur die Kombination der Zähnezahlen der Werkzeuge variiert und die restlichen Prozessparameter, wie Drehzahl, Schnittbreite und Schnitttiefe konstant gehalten. Der begrenzende Faktor bei dieser Art der doppelspindlerspezifischen Prozessparametrierung ist der zulässige Vorschub pro Schneide f_z sowie die damit zusammenhängende Gesamtproduktivität der Maschine. Bei einer konstanten Vorschubgeschwindigkeit ist der Vorschub pro Zahn f_z bei Werkzeugen mit höherer Zähnezahl z kleiner, als bei denen mit niedrigerer Zähnezahl. Demzufolge muss gewährleistet sein, dass der für die konstante Vorschubgeschwindigkeit an den beiden Spindeln erforderliche f_z am Werkzeug mit niedriger Zähnezahl im zulässigen Bereich bleibt.

Bild 6-24 zeigt die simulativ ermittelten Stabilitätsgrenzen für einen Teilnut-Fräsprozess mit der Fräsbreite von 8 mm. Dabei wurde der Prozess unter dem Einsatz von Werkzeugen mit dem Durchmesser von 25 mm und Zähnezahl zwischen 2 und 6 simulativ abgebildet. Als Referenz ist die Stabilitätsgrenze des Prozesses unter dem Einsatz von zwei Vierschneidern („Sim $z_1=z_2=4$") dargestellt.

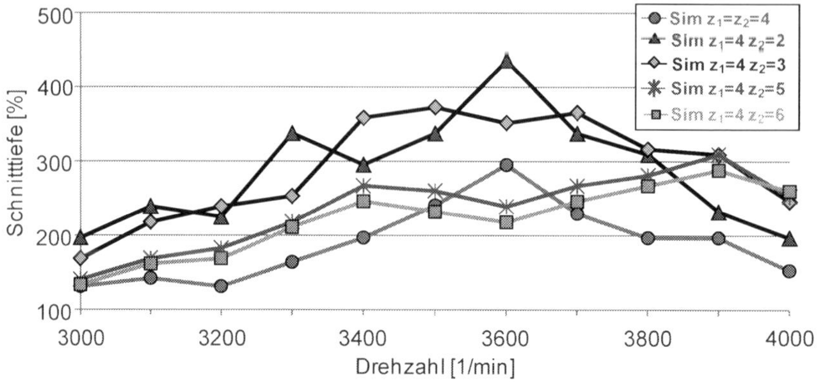

Bild 6-24: Berechnete Stabilitätsgrenze bei der doppelspindligen Fräsbearbeitung mit Werkzeugen mit unterschiedlicher Schneidenzahl. Teilnut-Fräsprozess. VM1

Figure 6-24: Simulated stability limits of parallel milling using mills with different cutting edge numbers. Open slot milling process. VM1

Es ist zu erkennen, dass ein simultaner Einsatz von vier- und drei-, sowie vier- und zweischneidigen Werkzeugen erwartungsgemäß eine konsequente Erhöhung der Stabilitätsgrenze bewirkt. Dieses Verhalten ist auf eine stabilisierende Wirkung von Werkzeugen mit einer niedrigeren Zähnezahl zurückzuführen, die aus der kleineren Zahl der Wiedereintritte in die bereits aufgeschnittene Oberflächenwelligkeit hervorgeht.

Beim gleichzeitigen Einsatz von Vier- und Fünf, sowie Vier- und Sechsschneidern wird bei manchen Drehzahlen ein Absinken der Stabilitätsgrenze beobachtet (n=3500 1/min, n=3600 1/min, Bild 6-24). Allerdings ist im Bereich höherer Drehzahlen, bei denen die maximale Produktivität der Maschine erzielt werden kann, ein deutlicher Anstieg der stabil erreichbaren Schnitttiefe festzustellen.

Das Stabilitätsverhalten von Doppelspindlern beim Vollnut-Fräsen unter dem Einsatz von Werkzeugen mit unterschiedlicher Zähnezahl ist dem Verhalten im Teilnut-Prozess ähnlich. Bild 6-25 zeigt Stabilitätsgrenzen beim Vollnut-Fräsen mit gleichzeitiger Verwendung von Zwei- und Ein-, Zwei- und Drei- sowie Zwei- und Vierschneidern. Als Referenz ist die Stabilitätsgrenze für die doppelspindlige Fräsbearbeitung mit Zweischneidern aufgeführt („Sim $z_1=z_2=2$").

Eine deutliche Erhöhung der erreichbaren Schnitttiefe wird für die Paarung Zweischneider-Einschneider sowie Zweischneider-Dreischneider beobachtet. Eine weitere Erhöhung der Zähnezahl des zweiten Werkzeugs bewirkt eine Reduzierung der Stabilitätsgrenze.

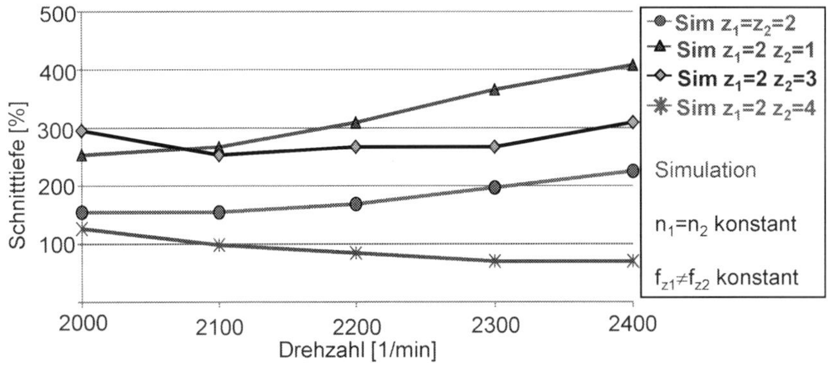

Bild 6-25: Berechnete Stabilitätsgrenze bei der doppelspindligen Fräsbearbeitung mit Werkzeugen mit unterschiedlicher Schneidenzahl. Vollnut-Fräsprozess. VM1

Figure 6-25: Simulated stability limits of parallel milling using mills with different cutting edge numbers. Slot milling process. VM1

Der Einfluss der unterschiedlichen Zähnezahl beider Werkzeuge bei der doppelspindligen Fräsbearbeitung auf die Prozessstabilität ist, zum einen, auf eine Störung des Aufbaus der Oberflächenwelligkeit bei der selben Resonanzfrequenz der Maschinenstruktur, wie im Prozess mit gleichen Werkzeugen, zurückzuführen. Zum anderen, werden in bestimmten Kombinationen „n-z_1-z_2“ Resonanzstellen zu den Ratterschwingungen angeregt, die sich im Prozess mit gleichen Werkzeugen nicht als kritisch erweisen. Daher kann es beim Einsatz von Werkzeugen mit $z_1 \neq z_2$ sowohl zur Verbesserung, als auch zur Verschlechterung des Stabilitätsverhaltens kommen, weshalb eine gezielte rechnerunterstützte oder praktische Prozessauslegung zur optimalen Prozessparametrierung notwendig ist.

6.3 Verifikation der Simulationsergebnisse

Verification of the Simulation Results

Die berechneten Stabilitätskarten wurden auf einem doppelspindligen Bearbeitungszentrum verifiziert. Der Anfangswert der Schnitttiefe für die Bearbeitungstests wurde mit einem Sicherheitsabstand zur jeweiligen berechneten Stabilitätsgrenze gewählt und stufenweise bis zum Auftreten der Instabilität erhöht. Die Betriebsschwingungen wurden mittels Beschleunigungssensoren jeweils auf der Werkstück- und Werkzeugseite erfasst und mit Hilfe eines Rechners bezüglich spektraler Zusammensetzung ausgewertet.

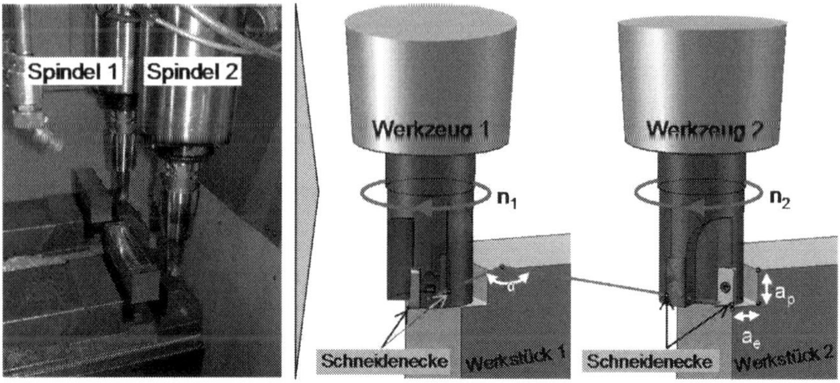

Bild 6-26: Verifikation der Simulationsergebnisse in einem Teilnut-Prozess

Figure 6-26: Verification of simulation results on open slot milling processes

Das Stabilitätsverhalten im Teilnut-Fräsprozess wurde bei folgender Prozessparametrierung untersucht. Die Schnittbreite a_e=8,0 mm, der Vorschub pro Zahn f_z=0,1 mm, für die Bearbeitung wurden Zwei- und Vierschneider ∅25 mm eingesetzt. Die Werkzeuge wurden mit Wendeschneidplatten R39011T308M-PM der Fa. Sandvik Coromant bestückt (Bild 6-26). Werkstücke waren Quader mit den Abmaßen 40x50x150 mm aus Stahl C45. Für die Verifizierung wurden Werkstücke aus einer Charge verwendeten. Sowohl für die Teil- als auch Vollnut-Prozesse wurden die Spindeln im lagegeregelten Modus betrieben. Bei der Ermittlung von Stabilitätskarten wurden die Spindeln ohne relativen Winkelversatz ausgerichtet, damit die Werkzeugeingriffe an der Spindel 1 und 2 gleich getaktet sind. Die Drehzahl und die Winkelposition der jeweiligen Spindel wurden bei der Bearbeitung messtechnisch erfasst (Bild 6-27). Die Drehzahlschwankung in einem Drehzahlbereich von 1500 bis 4000 1/min bei einem stabilen Prozess betrug sowohl im geschwindigkeits- als auch im lagegeregelten Zustand maximal 20 U/min. Die dynamische Abweichung der relativen Winkelposition beider Spindeln von einem Soll-Wert lag bei ca. 0,2°. Die Drehzahlen und Drehwinkel wurden mit Hilfe der maschineninternen Messsysteme erfasst. Für die Messung wurden ein externer Messrechner und die Software SinuComNC® verwendet.

Ohne gezielte Einstellung des relativen Winkelversatzes, d.h. im drehzahlgeregelten Modus, stellt sich eine willkürliche Position der beiden Werkzeuge und folglich Schneideneingriffstaktung ein. Demzufolge wäre das Stabilitätsverhalten gegebenenfalls nicht reproduzierbar.

Die Bearbeitungstests bei der Vollnut-Fräsbearbeitung wurden mit den gleichen Werkstücken wie bei den Teilnut-Prozessen durchgeführt. Die Werkzeuge waren Zweischneider ∅32 mm bestückt mit Wendeschneidplatten R39011T312E-PM der Fa. Sandvik Coromant. Der Vorschub f_z betrug 0,1 mm pro Zahn. Die Prozessanordnung ist in Bild 6-28 dargestellt.

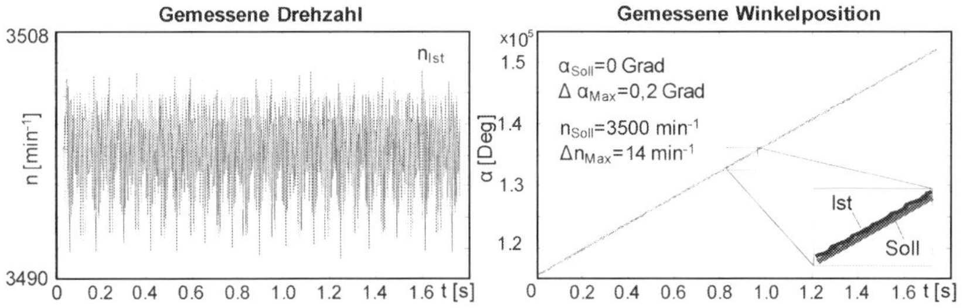

Bild 6-27: Gemessene Drehzahl und Winkelposition der Spindel. VM1

Figure 6-27: Measured spindle speed and angular position of the spindle. VM1

Der Werkzeugverschleiß übt einen beachtlichen Einfluss auf die Prozessstabilität aus. Dieser Effekt wurde zum Beispiel von Bernardi beobachtet [Bern69]. Bild 6-29 stellt den Verlauf der Stabilitätsgrenze unter unveränderter Prozessparametrierung mit zunehmendem zurückgelegten Vorschubweg dar. Vorwiegend ist dieses Verhalten auf die verschleißbedingt höhere Reibung an der Freifläche zurückzuführen, die eine Dissipation der Schwingungsenergie und folglich die Dämpfung der Vibrationen zwischen Werkzeug und Werkstück bewirkt [Bern69], [Alti08]. Weiterhin übt der Verschleiß von Schneidkanten in Form der Abrundung einen stabilisierenden Einfluss auf den Zerspanprozess, da die dynamischen Strukturverlagerungen eine kleinere Spandickenmodulation hervorrufen.

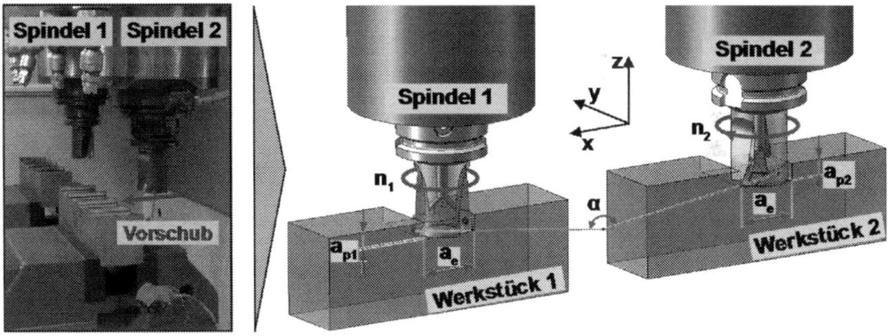

Bild 6-28: Verifikation der Simulationsergebnisse in einem Vollnut-Prozess. VM1

Figure 6-28: Verification of simulation results on slot milling processes. VM1

Wie die Abbildung zeigt, ist das Stabilitätsverhalten eines neuen und verschlissenen Werkzeugs nicht identisch. Die neuen Werkzeuge tendieren zu einem früheren Aufschwingen im Vergleich zu gebrauchten Werkzeugen. Daher wurde der Verschleißzustand der Werkzeuge mittels eines Auflichtmikroskops regelmäßig kontrolliert, um sicher zu stellen, dass der Werkzeugzustand im Bereich des quasikonstanten Stabilitätsverhaltens liegt. Darüber hinaus wurde die Stabilitätsgrenze eines jeweiligen Knotenpunktes einer Stabilitätskarte mehrmals ermittelt und der Mittelwert als die tatsächliche Stabilitätsgrenze identifiziert.

Bei der Vorbereitung von doppelspindligen Fräsversuchen kommt der relativen Ausrichtung beider Werkzeuge und Werkstücke eine große Bedeutung zu. Neben der vorgegebenen Winkelpositionierung der Werkzeuge müssen die effektiven Schnitttiefen an den beiden Bearbeitungsstellen exakt übereinstimmen. Dazu müssen die Baugruppen Werkzeugaufnahme – Werkzeug – Wendeschneidplatte in der jeweiligen Spindel in der Länge genau übereinstimmen. Die eventuell vorhandenen Abweichungen auf der Werkstückseite können durch einen Planfräsvorgang mit ausgerichteten Werkzeugen beseitigt werden. Die Ausrichtung der Werkzeuglänge erfolgte über die Einstellung der Auskraglänge des Werkzeugs relativ zu Werkzeugaufnahme mit Hilfe einer in der Aufnahme vorgesehenen Einstellschraube.

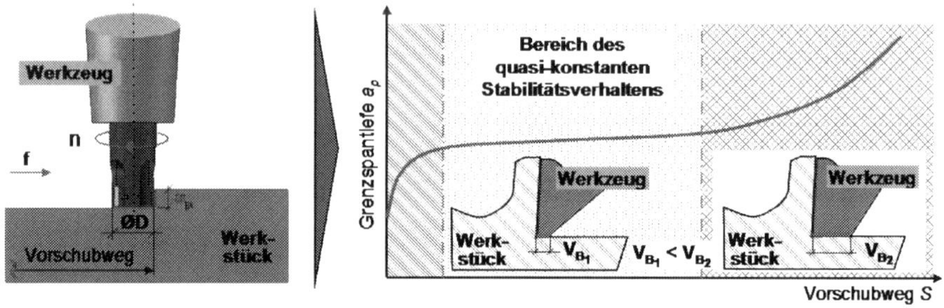

Bild 6-29: Einfluss des Werkzeugverschleißes auf das Stabilitätsverhalten. Kurvenverlauf nach Bernardi [Bern69]

Figure 6-29: Influence of tool wear on the stability behavior. Characteristic curve according to Bernardi [Bern69]

Die Erkennung von Instabilitäten erfolgte durch eine Bewertung der spektralen Zusammensetzung von werkstück- und werkzeugseitigen Schwingungssignalen, sowie durch Beurteilung der akustischen Eigenschaften des Zerspanprozesses und der Güte der bearbeiteten Werkstückoberfläche, wie im Abschnitt 2.1.4 beschrieben.

Als Stabilitätsgrenze wurde die Schnitttiefe identifiziert, bei welcher der doppelspindlige Fräsprozess gerade noch stabil verläuft. In der Regel trat beim Erreichen der Stabilitätsgrenze der instabile Zustand an beiden Spindeln gleichzeitig auf. Ein Prozessverlauf mit instabiler Zerspanung an einer Spindel und stabiler Zerspanung an der anderen Spindel wurde nicht beobachtet. Dieses wurde auch bei den simulativ ermittelten Prozessverläufen beobachtet.

7 Optimierung des Stabilitätsverhaltens von Doppelspindlern

Optimization of the Stability Behavior of Parallel Milling Machines

Die im Rahmen dieser Arbeit entwickelten Modelle und ermittelten prozess- und maschinenseitigen Einflüsse auf die Stabilität der doppelspindligen Fräsbearbeitung ermöglichen es, das Stabilitätsverhalten von Doppelspindlern zu optimieren. Dazu soll zum einen die rechnergestützte Prozessauslegung mittels der entwickelten Simulationsmodelle erfolgen, um optimale Prozessparameter „offline" zu identifizieren. Zum anderen soll das strukturmechanische Maschinenverhalten verbessert werden, indem die maschinenspezifischen dynamischen Schwachstellen mittels eines Zusatzdämpfungssystems beseitigt werden. Weiterhin soll ein messtechnisches System konzipiert und erprobt werden, welches es zulässt, die optimalen doppelspindlerspezifischen Prozessparameter, wie den relativen Winkelversatz der Schneiden, zeit- und ressourceneffizient „online" zu bestimmen.

In weiteren Abschnitten wird das Gesamtsystem zur rechnerunterstützen Stabilitätsanalyse und Auslegung von doppelspindligen Fräsprozessen dargestellt. Im Einzelnen wird ein CNC-integriertes HMI-basiertes messtechnisches System zur „online" Stabilitätsanalyse dargestellt. Weiterhin wird eine Vorgehensweise zur Auslegung und Umsetzung von strukturseitigen Maßnahmen zur Verbesserung des dynamischen Nachgiebigkeitsverhaltens von Doppelspindlern am Beispiel eines Hilfsmassendämpfers beschrieben. Abschließend wird das Gesamtsystem zur rechnerunterstützen Auslegung eines Beispielsprozesses eingesetzt.

7.1 Gesamtsystem zur Stabilitätsanalyse und Prozessauslegung

Complete System for the Stability Analysis and Process Development

Das entwickelte ganzheitliche Modell der doppelspindligen Fräsbearbeitung ermöglicht eine rechnergestützte Analyse aller wesentlichen maschinen- und prozessseitigen Einflüsse auf die Prozessstabilität beim doppelspindligen Fräsen. Dieses Modell schafft eine Basis für das Gesamtsystem zur Stabilitätsanalyse und Auslegung von doppelspindligen Prozessen (Bild 7-1). Einen wesentlichen Bestandteil des Gesamtsystems bildet das CNC-integrierte messtechnische Prozessparametrierungssystem, welches eine praktische Umsetzung der wissenschaftlichen Erkenntnisse unterstützt.

Der Kern des Gesamtsystems zur Auslegung von doppelspindligen Fräsprozessen bildet das Simulationsmodell zur rechnergestützten Stabilitätsanalyse sowie die entwickelte Vorgehensweise zur messtechnischen Untersuchung des dynamischen Verhaltens von Doppelspindlern. Die dynamischen Nachgiebigkeiten des Doppelspindlers sind für die Simulation der Prozessstabilität notwendig. Für die Durchführung der simulativen Stabilitätsanalyse muss weiterhin der Fräsprozess parametriert werden. Neben der Drehzahl an der jeweiligen Spindel, Schnittbreite a_e und Schnitttiefe a_p soll die relative Winkelstellung α sowie weitere prozessspezifische Parameter, die die zeitliche Relation der Zerspanprozesse bestimmen, eingegeben werden. Das Stabilitätssimulationsmodell lässt es zu, für einen jeweiligen Prozess eine Stabilitätskarte zu berechnen. Mit Hilfe der Variationsrechnung kann ein Stabilitätskennfeld ermittelt und dadurch eine Prozessparametrierung identifizieren werden, bei der die maximale Zerspanungsproduktivität erreicht wird. Der weitere Bestandteil des Gesamtsystems ist das flexible Mehrkörpersimulationsmodell und die Strategie zur Berechnung des dynamischen Nachgiebigkeitsverhaltens von Doppelspindlern. Die Berechnungen mittels des MKS-Modells können unter anderem zur Untersuchung der Gesamtnachgiebigkeit der Maschinenstruktur unter phasenversetzter Kraftanregung, Entwicklung von aktiven und passiven Zusatzdämpfungssystemen sowie zur Ableitung maschinenseitiger Maßnahmen zur Verbesserung des statischen und dynamischen Verhaltens unter Berücksichtigung von Achsenregelungsparametern eingesetzt werden (Bild 7-1).

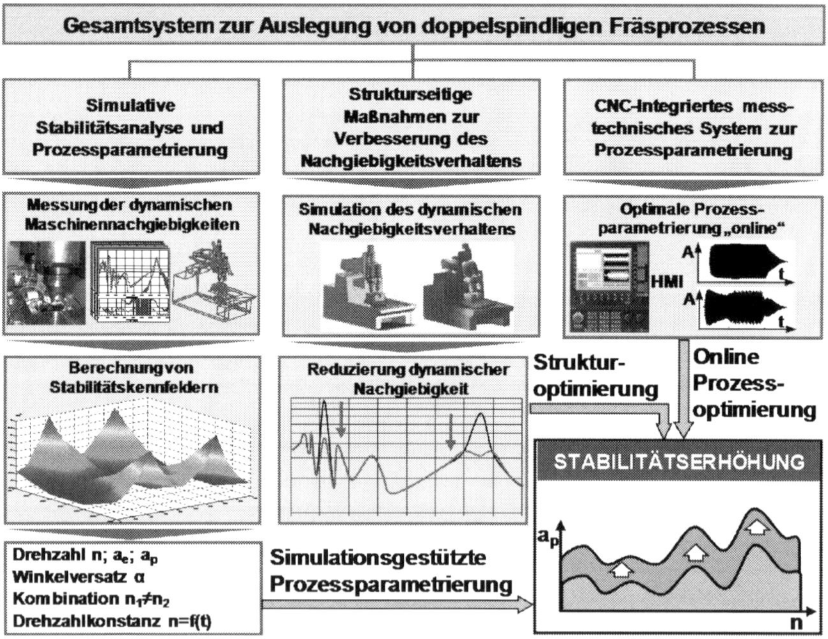

Bild 7-1: Gesamtsystem zur Prozessauslegung

Figure 7-1: Complete system for the process development

Den dritten Bestandteil des Gesamtsystems stellt das in die Maschinensteuerung integrierte messtechnische System zur Parametrierung des Fräsprozesses dar. Mit Hilfe dieses Systems wird die praktische Umsetzung der prozessseitigen Optimierungsmaßnahmen in industriellen Anwendungen von Doppelspindlern unterstützt. Durch einen Einlernvorgang wird die Maschine mit unterschiedlichen Prozessparametern betrieben und deren Schwingungsverhalten durch eine Software messtechnisch erfasst und ausgewertet. Abhängig von der Prozessart kann eine automatische oder halbautomatische Bestimmung der optimalen Prozessparameter erfolgen. Dieses Vorgehen eignet sich für eine „online" Prozessparametrierung und kann insbesondere dann eingesetzt werden, wenn die relativ zeitaufwändige simulative Stabilitätsanalyse nicht durchgeführt werden kann.

In weiteren Abschnitten wird der Ansatz zur automatisierten Prozessparametrierung als Bestandteil des Gesamtsystems näher erläutert.

7.2 Automatisierte Bestimmung des optimalen Winkelversatzes der Schneiden

Automatic Identification of the Optimal Angular Offset of Cutters

In den vorangehenden Abschnitten wurde anhand der simulativen und praktischen Untersuchungen festgestellt, dass die zeitliche Relation der gleichzeitig ablaufenden Zerspanvorgänge die Stabilität der doppelspindligen Fräsbearbeitung beeinflusst. Eine gezielte Einstellung der Schneideneingriffstaktung ermöglicht eine Erhöhung der umsetzbaren Zerspanleistung. Für die Bestimmung der optimalen Prozessparametrierung können entweder Methoden zur rechnerunterstützen (vgl. Kapitel 5) oder zur empirischen Prozessauslegung (vgl. Kapitel 6.3) eingesetzt werden. Beide Verfahren sind durch einen relativ hohen Zeitaufwand gekennzeichnet, der zur optimalen Prozessauslegung notwendig ist. In der Industrie ist es jedoch oft erforderlich, für eine jeweilige Paarung Werkzeug-Werkstück optimale Prozessparameter unmittelbar vor Prozessbeginn in kurzer Zeit zu bestimmen. Dieses kann auf Basis der im Kapitel 6 aufgeführten Erkenntnisse über das Stabilitätsverhalten von Doppelspindlern umgesetzt werden. Ein CNC-integriertes messtechnisches System ermöglicht eine Erfassung und Auswertung von Schwingungssignalen der Werkzeugmaschine und eignet sich für eine automatisierte Bestimmung der optimalen Schneideneingriffstaktung (relativer Versatz zwischen den Winkelpositionen der Schneiden an der Spindel 1 und 2). Mit Hilfe dieses Verfahrens soll das Stabilitätsverhalten eines doppelspindligen Bearbeitungszentrums innerhalb kürzester Zeit in verschiedenen Prozessanordnungen messtechnisch erfasst und mittels der Auswertesoftware analysiert werden (Bild 7-2).

Die Fräsbearbeitung mit unterschiedlichen Schneideneingriffstakten wird dabei von einem im Vorfeld erstellten CNC-Programm gesteuert. Nach der Auswertung der strukturseitigen Vibrationssignale wird die optimale Eingriffstaktung ermittelt und kann im numerischen Steuerungsprogramm implementiert werden.

Für Prozesse, deren Schwingungssignalverläufe eine ausgeprägte Form der regenerativen Ratterschwingung besitzen, kann die Bestimmung des Winkelversatzes α sowie die Eingabe dieses Parameters in das Steuerungsprogramm ohne Beteiligung des Maschinenbedieners erfolgen. Dazu muss das Auswerteprogramm im Bereich des Human-Machine-Interfaces (HMI) einmalig aufgerufen werden. Nach der Auswertung wird der optimale Winkelversatz α als eine steuerungsinterne Variable (sogenannter R-Parameter) im HMI-Speicher abgelegt und kann im Steuerungsprogramm aufgerufen werden. Für Prozesse mit einem beachtlichen Einfluss der Fremderregung durch Zahneingriffe auf das Schwingungsverhalten ist ein manueller Auswertemodus zu verwenden, der eine zuverlässige Analyse von Signalen verschiedener Form ermöglicht.

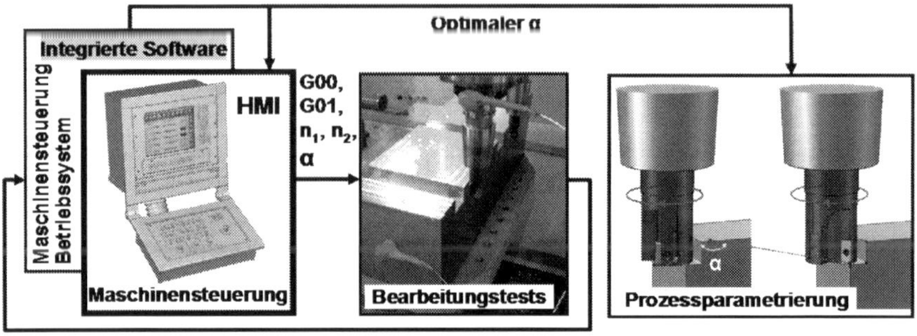

Bild 7-2: Steuerungsintegriertes HMI-basiertes System zur Bestimmung der optimalen Schneideneingriffstaktung

Figure 7-2: NC-integrated HMI-based system for the ascertainment of an optimal tool engagement timing

Die Funktionalität des beschriebenen Ansatzes und die Grenzen der Anwendbarkeit sind in nachfolgenden Abschnitten beschrieben. Anschließend ist ein praktisches Anwendungsbeispiel aufgeführt.

7.2.1 Steuerungsintegriertes System zur Signalerfassung und -analyse

NC-Integrated System for the Signal Acquisition and Analysis

Bei der Analyse des Schwingungsverhaltens einer Werkzeugmaschine wird grundsätzlich zwischen dem Verhalten der Werkzeug- und Werkstückseite unterschieden. Für die Stabilitätsanalyse bei jeder zu untersuchender Prozesskonstellation müssen die Vibrationen der jeweiligen Seite erfasst und ausgewertet werden. Ein Vergleich der Schwingungsstärke der messtechnisch erfassten Signale bei unterschiedlicher Prozessparametrierung ermöglicht eine Bewertung der Verbesserung bzw. Verschlechterung der Prozessstabilität. Dazu ist eine genaue Kenntnis der Ratterfrequenz notwendig, da lediglich der Vibrationspegel in kritischen Resonanzfrequenzen der Struktur eine Aussage über die Ausprägung des durch regenerative Ratterschwingungen bedingten Schwingungsanteils liefert. Dieser Ansatz wurde für die Untersuchung der doppelspindligen Prozesse mit unterschiedlicher Schneideneingriffstaktung an beiden Spindeln verwendet. Dessen Anwendbarkeit auf andere doppelspindlige Prozesse mit unterschiedlicher Drehzahlphase und Drehzahlkonstanz sollte im Rahmen separater Forschungsarbeiten untersucht werden.

Des Weiteren ist das Verfahren zur Prozessoptimierung mit Hilfe der gezielten Einstellung des relativen Winkelversatzes α (vgl. Bild 6-3) mittels des steuerungsintegrierten Systems dargestellt.

Das Optimierungsprozedere mit Hilfe der CNC-integrierten Mess- und Auswertesoftware setzt voraus, dass ein NC-Programm für die Durchführung der Optimierungstests vorhanden ist. Der Optimierungszyklus beginnt mit Zerspanvorgängen bei gleich ausgerichteten Werkzeugen (α=0°). Über das CNC-Programm wird unter konstanter Drehzahl, Schnittbreite und Vorschubgröße die Schnitttiefe für einen jeweiligen Zerspanvorgang variiert. Das Auftreten der regenerativen Schwingungen kennzeichnet das Überschreiten der Stabilitätsgrenze und liefert die kritische Eigenfrequenz bzw. kritischen Eigenfrequenzen der Maschinenstruktur. Das Bild 7-3 zeigt beispielhaft ein Beschleunigungssignal am TCP im Zeitbereich bei einem instabilen doppelspindligen Fräsprozess und dessen spektrale Zusammensetzung. Im dargestellten Beispiel ist eine eindeutige Identifizierung der Ratterfrequenz möglich, da diese keine Vielfache der Zahneingriffsfrequenz ist und im Spektrum der stabilen Prozesse nicht vorhanden ist. Dieses sowie weitere Beispiele zur Signalanalyse- und Auswertung sind in der Ansicht der beispielhaften Bedieneroberfläche der Analysesoftware dargestellt, die gemäß der oben erläuterten Reihenfolge der Signalerfassung- und Auswertung konzipiert ist. Die Softwareoberfläche wird hier nicht erläutert, da diese unter der Beibehaltung der Funktionalität unterschiedlich gestaltet werden kann.

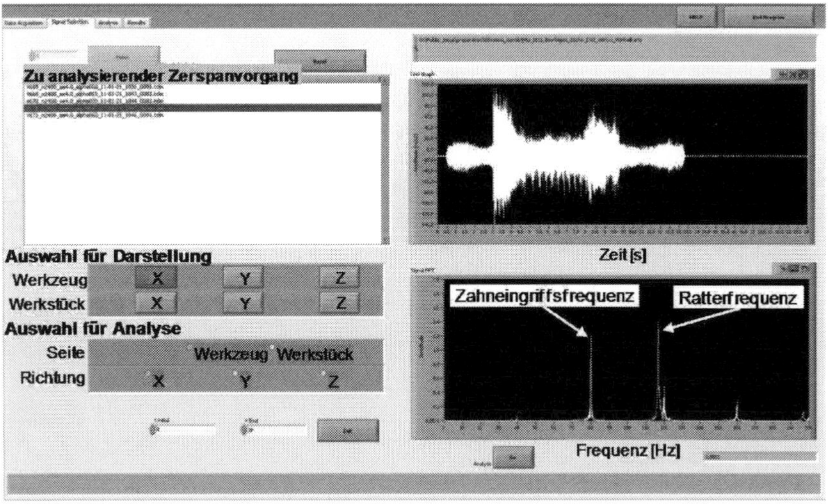

Bild 7-3: Steuerungsintegriertes HMI-basiertes Auswertesystem zur Signalanalyse. VM2

Figure 7-3: NC-integrated HMI-based signal analysis system. VM2

Nach der Feststellung der kritischen Resonanzfrequenzen können Zerspanvorgänge mit unterschiedlichen relativen Winkelstellungen der Werkzeuge α durchgeführt werden. Die Schwingungssignale bei Zerspanvorgängen mit verschiedenen Winkelversätzen α werden messtechnisch erfasst, gespeichert und anschließend bezüglich der spektralen Zusammensetzung analysiert. Die im Rahmen der Erarbeitung dieses Ansatzes untersuchten Prozesse wiesen ein instabiles Verhalten bei der gleichen Resonanzstelle auf. Die Ratterfrequenz änderte sich aber bei unterschiedlichen Winkelpositionen α in einem Frequenzbereich von ca. ±10 Hz um die Eigenfrequenz herum. Zur Bewertung der Prozessstabilitätsgüte bei unterschiedlichen α eignet sich eine Auswertung der Schwingungsamplitude des gefilterten Zeitsignals in diesem Frequenzbereich. Bild 7-4, oben, zeigt das Schwingungssignal während des Schnittes ohne Ein- und Austrittphasen, die die Lage der kritischen Frequenz verfälschen können. Im unteren Bereich ist das gefilterte Signal dargestellt, dessen maximale Amplitude registriert und für weitere Vergleichsanalyse gespeichert wird.

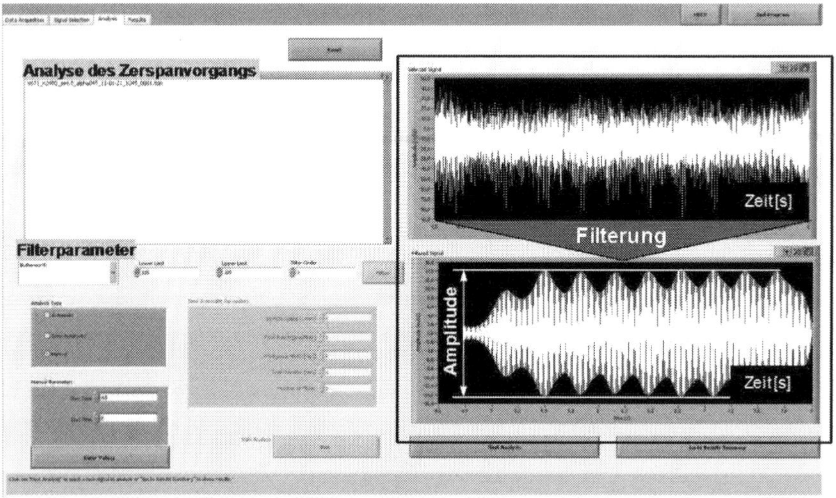

Bild 7-4: Bestimmung der Schwingungsamplitude des Zeitsignals im Bereich nahe der Ratterfrequenz. VM2

Figure 7-4: Ascertainment of the vibration amplitude of a time signal in a range near the chatter frequency. VM2

Die Schwingungsamplitude während des Schnittes wird für sämtliche zu untersuchende Prozessvarianten gemessen und analysiert. Die Vergleichsanalyse der Schwingungsamplituden zeigt den Winkelversatz α auf, bei dem der Prozess besonders stabil verläuft. Dieser α-Wert wird als optimal betrachtet und in der numerischen Maschinensteuerung für den jeweiligen Zerspanvorgang gespeichert.

7.2.2 Automatisierte Auswertung von Schwingungssignalen und Stabilitätsbeurteilung

Automatic Vibration Signal Processing and Stability Evaluation

Zu den Vorteilen des beschriebenen Ansatzes zur Signalauswertung gehört die Möglichkeit nicht nur zwischen stabilen und instabilen Prozessen zu unterscheiden, sondern auch stabile Prozesse bezüglich der Stabilitätsgüte bei unterschiedlichen relativen Winkelstellungen und unveränderlichen restlichen Parametern zu gewichten. Bild 7-5 zeigt werkzeugseitige Beschleunigungsspektren in X-Richtung bei einem Vollnutfräsprozess unter dem Einsatz von zweischneidigen Werkzeugen. Die Schnitttiefe wurde konstant gehalten. Die Prozesse blieben stabil im Bereich der α-Werte von 0 bis 30°. Bei der Einstellung des relativen Winkelversatzes der Schneiden von 45° traten regenerative Schwingungen auf. Anhand der Schwingungsamplitude ermöglicht diese Analyse eine eindeutige Identifizierung von instabilen Prozessen und folglich den zu vermeidenden Winkelversatz α. Weiterhin weisen selbst stabile Prozesse bei der Variation des Winkelversatzes α von 0° bis 30° eine Erhöhung der Schwingungsamplitude im Bereich nahe der Ratterfrequenz (120±10 Hz) auf, was auf ein relatives Minimum der Stabilitätsgrenze hinweist (Bild 7-5). Folglich kann der Einfluss der relativen Winkelstellung α auf das Stabilitätskennfeld bei einer jeweiligen Spindeldrehzahl ohne vollständige Ermittlung der winkelversatzabhängigen Stabilitätskarte, d.h. ohne Bestimmung der eigentlichen Stabilitätsgrenze beim jeweiligen α, identifiziert werden. Die sich aus der Vibrationspegelanalyse ergebende optimale relative Winkelstellung α=0° der Spindeln 1 und 2 stimmt mit dem Ergebnis der konventionell ermittelten α-Stabilitätskarte exakt überein (vgl. Bild 6-10).

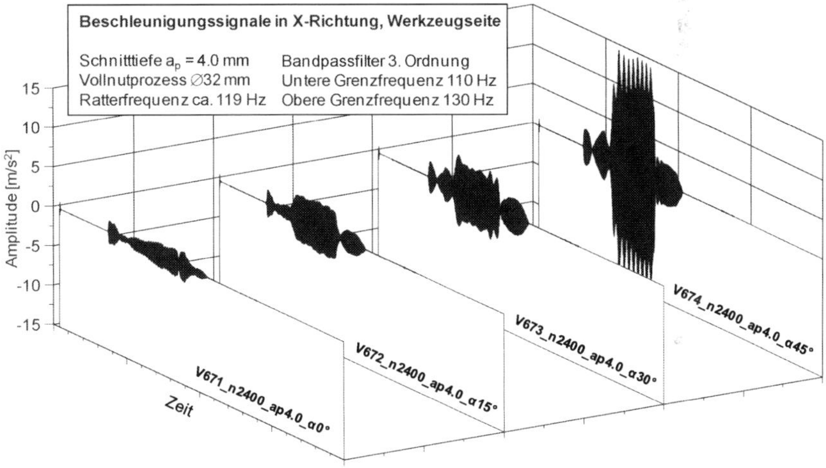

Bild 7-5: Messtechnisch ermittelte Beschleunigungssignale bei konstanter Schnitttiefe und unterschiedlichem Winkelversatz α

Figure 7-5: Metrologically ascertained acceleration signals under a constant depth of cut and various angular offsets α

Auf Basis des erläuterten Ansatzes sollten weiterführende Untersuchungen der Anwendbarkeit dieser Vorgehensweise auf die „online“ Prozessparametrierung durch verschiedene doppelspindlerspezifische Einflussgrößen durchgeführt werden, z.B. die Drehzahlphase und -konstanz. Weiterhin sollten Auswerteverfahren zur automatisierten Erkennung von beliebigen stabilen und instabilen Prozessen, z.B. mit abwechselnd steigenden und fallenden Schwingungsamplituden, entwickelt werden.

7.2.3 Zeitaufwand bei der automatisierten Bestimmung von optimalen doppelspindlerspezifischen Prozessparametern

Required Time for the Automatic Identification of Parallel Milling Machine-Specific Process Parameters

Im Vergleich zur konventionellen Ermittlung von Winkelversatzabhängigen Stabilitätskarten sowie zur simulativen Untersuchung des Stabilitätsverhaltens von Doppelspindlern mittels der in Kapitel 5 beschriebenen Modelle lässt das im Abschnitt 7.2.2 erläuterte messtechnische System zur Stabilitätsanalyse (MSS) eine zeiteffizientere Optimierung der Prozessparameter zu (Bild 7-6). Die aufgeführten Zeitaufwände für die Untersuchung von 10 verschiedenen Drehzahlen sind Erfahrungswerte, die sowohl Haupt- als auch Nebenzeiten bei der Durchführung von praktischen Bearbeitungstests an typischen Werkstücken zur Stabilitätsuntersuchung (Quader, 40 mm x 50 mm x 150 mm) in einem Vollnutfräsprozess beinhalten. Die Dauer der simulativen Stabilitätsanalyse gilt für das in Kapitel 5 beschriebene Modell unter dem Einsatz eines detaillierten Maschinenmodells mit jeweils durch ca. 25 Eigenmoden gefitteten Nachgiebigkeitsfrequenzgängen (vgl. Abschnitt 5.2.3). Der Zeitaufwand für die empirische Untersuchung sowie die Stabilitätskartenermittlung mit Hilfe des MSS ist anhand der Erfahrungswerte, inklusive Zerspanungszeit, aufgeführt.

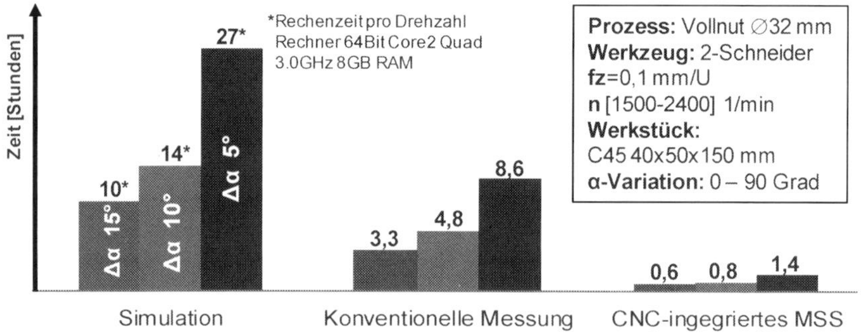

Bild 7-6: Zeitaufwand bei verschiedenen Prozessoptimierungsverfahren

Figure 7-6: Computational effort for different process optimization methods

Je nach Auflösung der Winkelversatzabhängigen Stabilitätskarte ergeben sich unterschiedlich große Änderungen in der für die Durchführung praktischer Tests notwendigen Zeitdauer. Zum Beispiel dauert die Ermittlung der α-Stabilitätskarte mit einem Variationsschritts des Winkelversatzes von 15° mittels der konventionellen Messung ca. 3,3 Stunden inklusive Nebenzeiten. Eine Messung mit dem CNC-integrierten MSS erfolgt um den Faktor 5 schneller. Bei steigender Auflösung der winkelversatzabhängigen Stabilitätskarte und folglich zunehmender Anzahl der erforderlichen Bearbeitungstests erfolgt die Messung mittels des CNC-integrierten MSS bis zu 6 mal zeiteffizienter als die konventionelle Messung. Dies ist auf kürzere Nebenzeiten bei der MSS-Messung zurückzuführen, die durch eine niedrigere Anzahl der erforderlichen Schnitte und folglich Werkstückaufbereitungs- und Werkstückwechselvorgänge bestimmt sind. Die Zeit für die NC-Programmaufbereitung für das MSS ist in diesem Vergleich nicht berücksichtigt.

7.3 Optimierung des Dämpfungsvermögens von Doppelspindlern

Optimization of Damping Capacity of Parallel Milling Machines

Die Prozessstabilität bei der Fräsbearbeitung wird durch die Reaktion der Maschinenstruktur auf statische und dynamische Belastungen bestimmt. Je nach Prozessparametrierung und Leistungsvermögen der Maschinenstruktur statische und dynamische Kräfte aufzunehmen, kann die umsetzbare Zerspanleistung variieren. Die herangehenden Kapitel behandeln die simulative Vorhersage des Stabilitätsverhaltens von bestehenden Maschinenstrukturen unter vorgegebenen Prozessparametern und stellen Möglichkeiten zur Optimierung des Stabilitätsverhaltens durch doppelspindlerspezifische Prozessparameter dar. Das entwickelte MKS-Modell sowie das Vorgehen zur Ermittlung der Strukturnachgiebigkeit unter der definiert phasenversetzten Anregung an beiden Spindeln ermöglichen weiterhin eine Untersuchung der maschinenseitigen Optimierungsmöglichkeiten zur Erhöhung der Prozessstabilität. Des Weiteren werden strukturseitige Maßnahmen zur Erhöhung der Dämpfung von Doppelspindlern analysiert und die Umsetzung der Maßnahmen diskutiert.

Die messtechnische und simulative Untersuchung des dynamischen Verhaltens von Doppelspindlern (vgl. Kapitel 4) zeigte, dass die strukturellen Eigenformen sich grundsätzlich in gleich- und gegenphasige Schwingungen der Maschinenspindeln aufteilen (Bild 7-7). Oft liegen die gezeigten Schwingungsformen der Prozessinstabilitäten zugrunde.

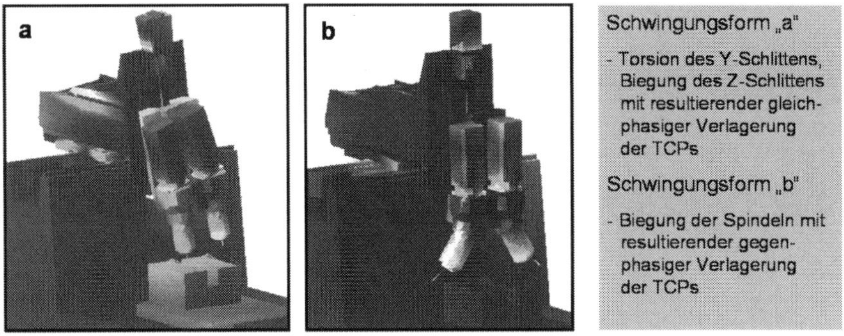

Bild 7-7: Schwingungsformen bei den ausgeprägten Resonanzstellen. VM1

Figure 7-7: Mode shapes in pronounced resonance points. VM1

Ausgehend von der Form der kritischen Eigenschwingungen können zusätzliche Dämpfungssysteme identifiziert werden, die sich zum Ausgleich des dynamischen Verhaltens von Doppelspindlern prinzipiell eignen. Zu solchen Systemen zählen konstruktive Maßnahmen zur Erhöhung der Steifigkeit von Schnittstellen und Maschinenkomponenten [Weck06a], aktive Dämpfungssysteme, die das Schwingungsverhalten im Betrieb durch die Einleitung einer dynamischen Kraft auf der Werkzeug-

oder Werkstückseite stabilisieren [Brec10d], [Mano12], [Schu09] und passive Systeme, die gezielt gegen kritische Eigenschwingungen in einem bestimmten Frequenzbereich wirken [Weck06a]. Die beiden ersten Möglichkeiten bewiesen deren Wirksamkeit bereits für konventionelle einspindlige Maschinen. Eine Untersuchung des Einflusses dieser Maßnahmen auf das dynamische Verhalten von Doppelspindlern ist mittels des entwickelten MKS-Modells (vgl. Abschnitt 4.4) möglich. Allerdings ist diese Untersuchung mit einem erheblichen Aufwand verbunden und bedarf einer eingehenden Analyse im Rahmen einer separaten Forschungsarbeit. Passive Systeme sind im Gegensatz dazu weniger kompliziert in der Umsetzung und können entweder mit Hilfe analytischer Methoden oder, bei konstruktiv komplizierteren Ausführungen, mittels der Mehrkörpersimulation ausgelegt werden.

Das passive Zusatzdämpfungssystem soll möglichst nah am Strukturpunkt angebracht werden, der die maximale Schwingungsamplitude bei der Eigenfrequenz aufweist, um eine möglichst hohe Wirksamkeit zu erzielen. Viele Doppelspindler erlauben es von der konstruktiven Ausführung der Spindelseite, ein passives Dämpfungssystem zwischen den Spindeln zu integrieren. Zur Dämpfung beider charakteristischen Eigenschwingungen (vgl. Bild 7-7) eines Doppelspindlers ist ein Hilfsmassendämpfer (HMD) geeignet, der aus einer schwingenden Masse und einer Basisplatte besteht, wobei die Platte gleichzeitig als eine mechanische Fesselung beider Spindeln funktioniert (Bild 7-8). Als Schnittstellenelemente wurden Gummipuffer verschiedener Durchmesser mit einer Härte von 60 Shore A eingesetzt. Die kompakte Konstruktion des HMD ermöglicht eine Integration des Dämpfungssystems in die Struktur vertikaler Doppelspindler unmittelbar bei der Maschinenherstellung.

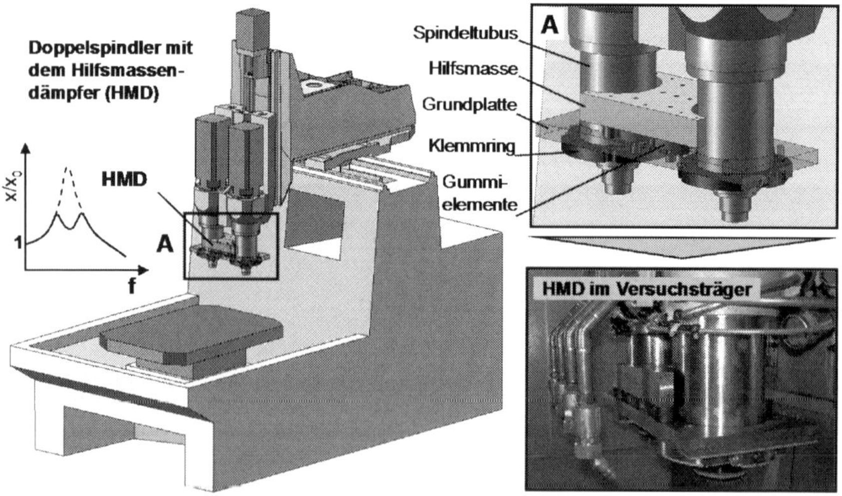

Bild 7-8: Bearbeitungszentrum mit angebrachtem Hilfsmassendämpfer. VM1

Figure 7-8: Machining center with an auxiliary mass damper. VM1

Da die Resonanzstellen in X-Richtung des Maschinenkoordinatensystems das dynamische Nachgiebigkeitsverhalten dominieren, basierte die Auslegung des HMD auf dem NFG in X-Richtung (Bild 7-9). Die messtechnische Untersuchung des dynamischen Maschinenverhaltens mit installiertem HMD zeigt, dass die größten Amplitudenüberhöhungen bei 119 Hz und 690 Hz auf ein Nachgiebigkeitsniveau unter der statischen Nachgiebigkeit gedämpft werden konnten und der Phasenverlauf bei den nach dem Nyquist-Kriterium kritischen Resonanzstellen über -90° (die Erläuterung des Nyquist-Kriteriums ist z.B. in [Abel05] gegeben) gehalten werden konnte (Bild 7-9). Da die Gummipuffer eine identische Steifigkeit bei der Beanspruchung in X- und Y-Richtung aufweisen, wurde das dynamische Nachgiebigkeitsverhalten in Y-Richtung nicht nennenswert beeinflusst. Die einzige ausgeprägte Resonanzstelle in Z-Richtung zeigte eine leichte Amplitudenerhöhung durch den Einsatz des HMD, die allerdings weit unterhalb des Niveaus der NFG in X- und Y-Richtung liegt (vgl. Bild 4-9).

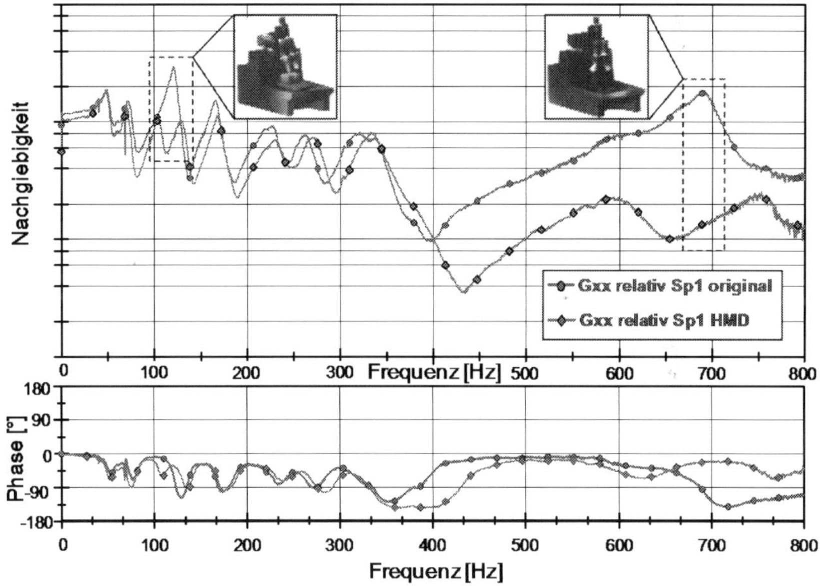

Bild 7-9: Nachgiebigkeitsfrequenzgänge der Maschinenstruktur mit und ohne HMD. VM1

Figure 7-9: Compliance frequency response functions of the machine structure with and without auxiliary mass damper. VM1

Am Doppelspindler mit installiertem Hilfsmassendämpfer wurden Bearbeitungstests durchgeführt, um Änderungen im Stabilitätsverhalten zu bewerten. Für die Untersuchungen wurden Quader-Werkstücke aus Stahl C45 verwendet. Die Werkzeuge waren Fräser aus Hochgeschwindigkeitsstahl ∅20 mm. Die Testbearbeitung wurde im Vollnut-Prozess beim Vorschub in Y-Richtung durchgeführt. Bei der Durchführung der Untersuchungen wurde die im Abschnitt 6.3 beschriebene Vorgehensweise eingehalten. Die Ergebnisse zeigen einen beachtlichen Anstieg der Stabilitätsgrenze im Vergleich zur Maschine im Originalzustand im gesamten Drehzahlbereich (Bild 7-10). Insbesondere im Drehzahlbereich von 800 1/min bis 900 1/min wird eine beachtliche Erhöhung der Stabilitätsgrenze beobachtet. Im Vergleich zum Originalzustand der Maschine ist bei der doppelspindligen Fräsbearbeitung eine Erhöhung um den Faktor 3 zu sehen. Die Stabilitätsgrenze bei der einspindligen Bearbeitung auf der Maschine im Originalzustand liegt deutlich oberhalb des Niveaus der doppelspindligen Bearbeitung, jedoch um ca. den Faktor 1,5 unter der Stabilitätsgrenze der Maschine mit dem HMD im doppelspindligen Betrieb.

Die Ergebnisse der Stabilitätsuntersuchung bestätigen die Wirksamkeit des Einsatzes von Hilfsmassendämpfern an Doppelspindlern. Die Beseitigung der ausgeprägten Resonanzstellen ermöglicht es, die doppelspindlige Bearbeitung stabil zu führen und sogar die Grenzschnitttiefe bei der einspindligen Bearbeitung zu übersteigen. Neben der Optimierung der Prozessparameter, die keine strukturseitigen Änderungen erfordert, bietet der Ausgleich des dynamischen Verhaltens ebenfalls ein großes Potenzial zur Verbesserung des Stabilitätsverhaltens, insoweit die Umsetzung von strukturseitigen Maßnahmen möglich ist. Der Zeitaufwand für die Ermittlung der Eingangsgrößen, Auslegung, Fertigung, Montage und Feinjustierung von Zusatzdämpfungssystemen ist allerdings wesentlich größer, als bei der prozessseitigen Optimierung.

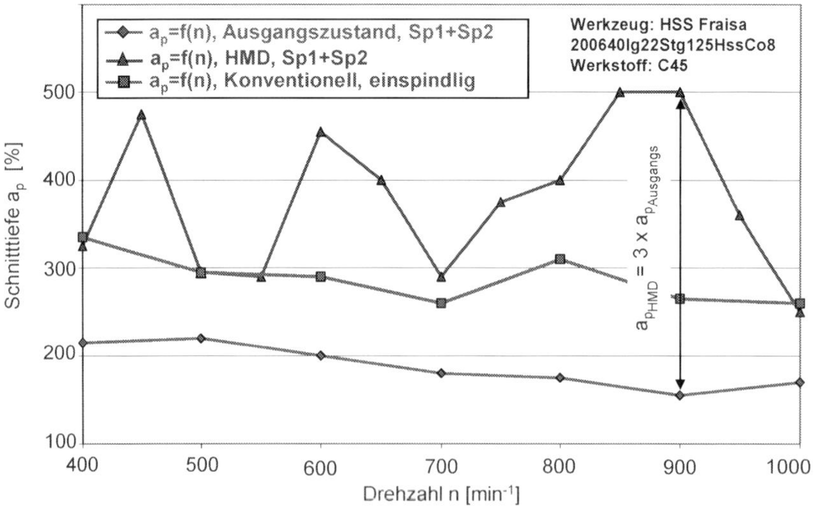

Bild 7-10: Stabilitätskarten im Originalzustand des Doppelspindlers und mit installiertem HMD. VM1

Figure 7-10: Stability diagrams of a parallel milling machine in initial condition and with an auxiliary mass damper. VM1

Im folgenden Abschnitt wird ein Beispiel zur simulationgestützen Prozessauslegung mittels der entwickelten Modelle aufgeführt, die im Vergleich zu den Ansätzen zur Optimierung des statischen und dynamischen Strukturverhaltens eine zeiteffiziente Prozessoptimierung ermöglichen.

7.4 Anwendungsbeispiel: Simulationsgestützte Auslegung eines doppelspindligen Fräsprozesses

Implementation Example: Simulation-Aided Development of a Parallel Milling Process

Im vorliegenden Kapitel wird ein Beispiel zur simulationsgestützten Prozessauslegung mit Hilfe des in Bild 7-1 erläuterten Gesamtsystems zur Stabilitätsanalyse bei der doppelspindligen Bearbeitung dargestellt. Ausgelegt wird ein Fräsvorgang im Vollnut-Schnitt beim Vorschub in Y-Richtung auf der Versuchsmaschine VM2 (vgl. Bild 4-1). Als Werkstücke dienen 60x80x150 mm große Quader aus Stahl C45. Fräswerkzeuge sind Zweischneider mit dem Durchmesser 32 mm, bestückt mit Wendeschneidplatten (WSP). Die WSP lassen eine Höchstschnittgeschwindigkeit v_c von 240 m/min zu. Diese entspricht einer maximal möglichen Drehzahl von 2400 1/min. Die Auslegung des Prozesses erfolgt gemäß der in Bild 7-1 gezeigten Reihenfolge.

7.4.1 Messtechnische Ermittlung von Nachgiebigkeitsfrequenzgängen

Metrological Ascertainment of the Compliance Frequency Response Functions

Für die Prozessauslegung gemäß dem entwickelten Gesamtsystem zur Stabilitätsanalyse bei der doppelspindligen Fräsbearbeitung soll das dynamische Nachgiebigkeitsverhalten der Maschine bekannt sein. Die messtechnische Ermittlung der dynamischen Nachgiebigkeiten erfolgte mittels des MIMO-Verfahrens mit Hilfe zweier elektrohydraulischer Erreger (vgl. Abschnitt 4.3). Die ermittelten Nachgiebigkeitsfrequenzgänge weisen relevante ausgeprägte Resonanzstellen im Bereich bis ca. 500 Hz auf (Bild 7-11). Bei ca. 56 Hz liegt eine Amplitudenüberhöhung in Y-Richtung vor, die das größte Verhältnis zur statischen Nachgiebigkeit aufweist. Die Phase bei dieser Frequenz fällt unterhalb von -90° ab, weswegen das Auftreten von Ratterschwingungen möglich ist.

Die dynamische Nachgiebigkeitsmessung wurde sowohl für direkte als auch übertragene Nachgiebigkeiten in X- und Y-Richtung durchgeführt (vgl. Kapitel 4). Übertragungsnachgiebigkeitsfrequenzgänge der untersuchten Maschine weisen bei den Resonanzfrequenzen eine nur geringfügig kleinere Amplitude auf, als der direkte NFG. Bild 7-12 zeigt eine Gegenüberstellung des direkten und Übertragungs-NFG in Y-Richtung. Aufgrund der relativ hohen Übertragungsnachgiebigkeit ist ein beachtlicher Einfluss der Wechselwirkungen zwischen den beiden Spindeln auf die Prozessstabilität zu erwarten. Die Übertragungsnachgiebigkeiten in X-Richtung weisen ein ähnliches Verhältnis zu den direkten Nachgiebigkeiten auf, wie die in Y-Richtung.

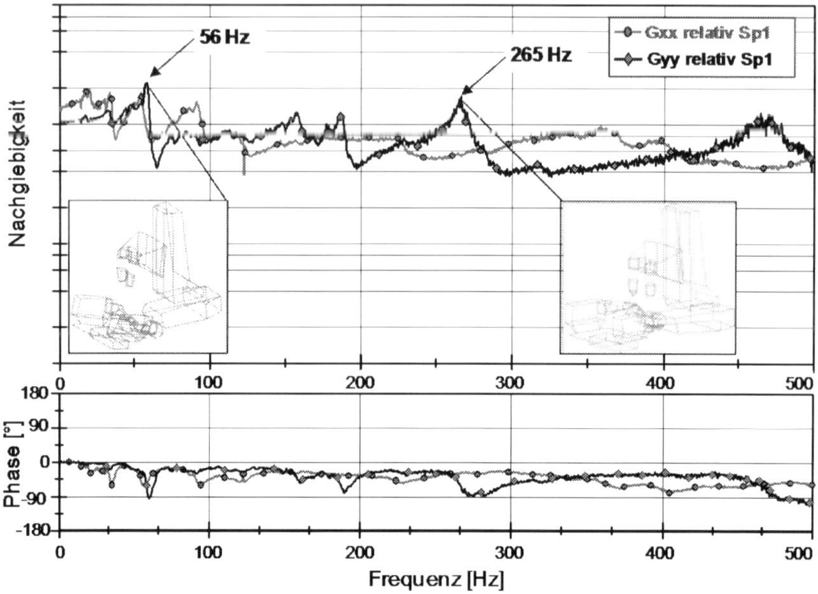

Bild 7-11: Gemessene direkte Nachgiebigkeitsfrequenzgänge der Versuchsmaschine VM2

Figure 7-11: Measured direct compliance FRF of the test machine VM2

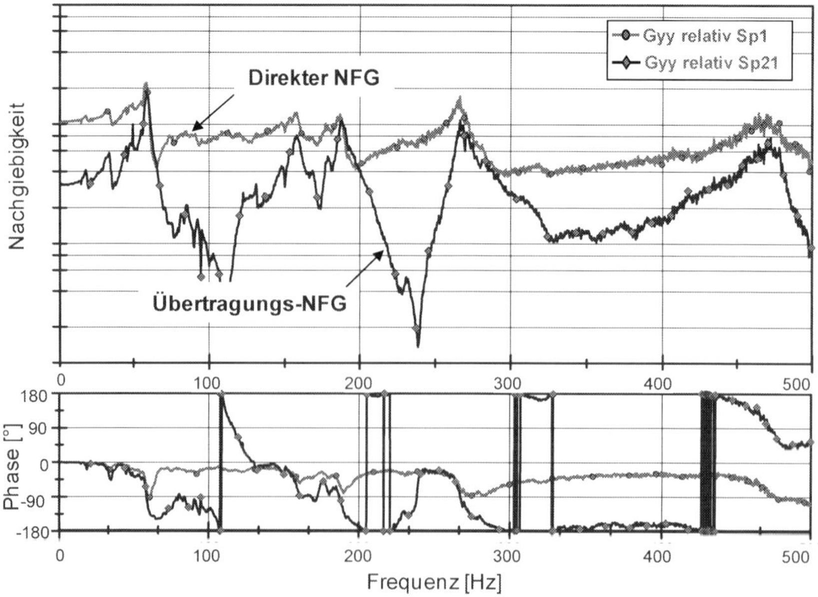

Bild 7-12: Gemessene Nachgiebigkeitsfrequenzgänge. VM2. Y-Richtung

Figure 7-12: Measured compliance FRF. VM2. Y-direction

Es wurde weiterhin ein Vergleich zwischen den im konventionellen Verfahren und mittels der MIMO-Technik ermittelten Nachgiebigkeiten durchgeführt. Die Gegenüberstellung ist in Bild 7-13 dargestellt. Die Ergebnisse der MIMO-Messung zeigen Differenzen zu der konventionellen Messung im statischen Bereich sowie bei den Resonanzstellen bei 56 Hz und 265 Hz. Wie weiterhin gezeigt wird, ist die Amplitudenüberhöhung bei 56 Hz kritisch für das Schwingungsverhalten im Betrieb. Bei dieser Frequenz wurden sowohl messtechnisch als auch bei der Simulation des Prozessstabilitätsverhaltens Ratterschwingungen festgestellt. Daher ist der Betrag der Nachgiebigkeitsamplitude für die quantitative Ermittlung der Stabilitätsgrenze von großer Bedeutung. Der Einfluss der festgestellten quantitativen Amplitudenunterschiede auf die Stabilitätsgrenze von untersuchtem Fräsprozess wird im nächsten Abschnitt beschrieben.

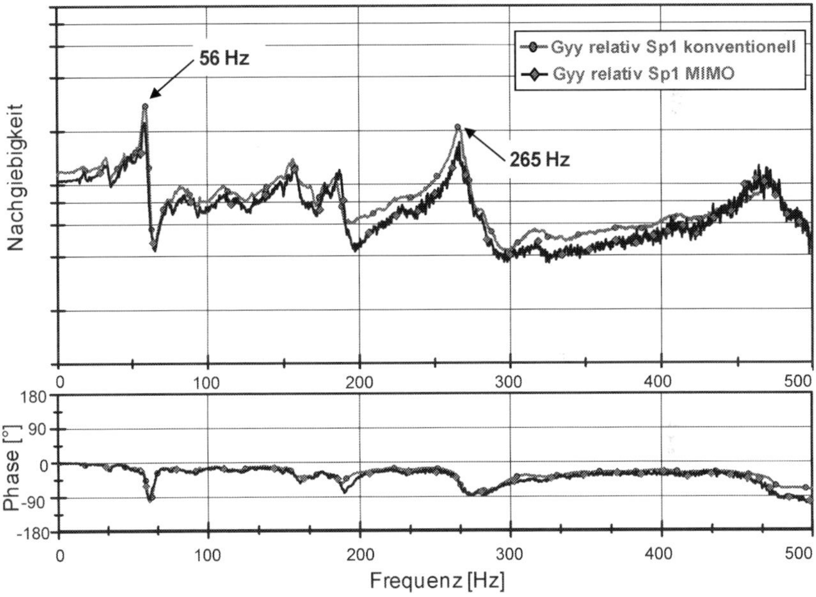

Bild 7-13: Gemessene konventionelle und MIMO-NFG in Y-Richtung. VM2

Figure 7-13: Measured conventional and MIMO-FRF in Y-direction. VM2

Die messtechnisch ermittelten MIMO-NFG wurden anschließend dem Fit-Verfahren unterzogen, sodass jede Übertragungsfunktion mit Hilfe von Differentialgleichungen mathematisch beschrieben wurde (vgl. Abschnitt 2.3.1). Die mathematisch nachgebildeten NFG wurden anschließend für die Stabilitätssimulation verwendet.

7.4.2 Berechnung von Stabilitätskarten

Computation of Stability Charts

Als Ausgangspunkt der simulationsgestützten Prozessoptimierung wurden Stabilitätskarten für die ein- und doppelspindlige Fräsbearbeitung berechnet. Die Simulationsergebnisse sind in Bild 7-14 dargestellt. Die berechneten Stabilitätsgrenzen sind den mit Hilfe von Bearbeitungstests ermittelten Kurven gegenübergestellt, um die Übereinstimmung der Berechnung mit der Messung zu zeigen. Auffällig ist der sowohl messtechnisch als auch simulativ festgestellte Unterschied der erreichbaren Stabilitätsgrenze bei der ein- und doppelspindligen Bearbeitung. Während der Bearbeitungstests konnte die Grenzschnitttiefe bei der einspindeligen Fräsbearbeitung mit den eingesetzten Werkzeugen nicht erreicht werden.

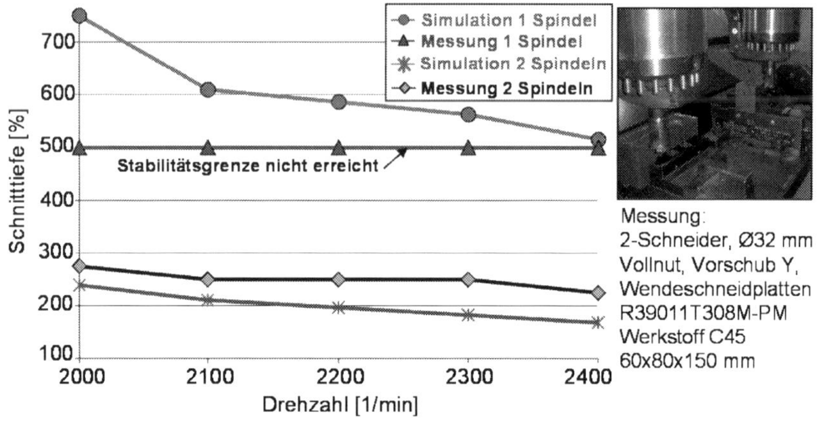

Bild 7-14: Simulierte und messtechnisch ermittelte Stabilitätskarte. VM2

Figure 7-14: Simulated and metrologically ascertained stability diagram. VM2

Zwecks Untersuchung des Einflusses der für die Versuchsmaschine VM2 festgestellten Differenzen in dynamischen Nachgiebigkeiten bei der konventionellen und MIMO messtechnischen Untersuchungen (vgl. Bild 7-13) auf das Stabilitätsverhalten wurden zwei Stabilitätsgrenzen berechnet (Bild 7-15).

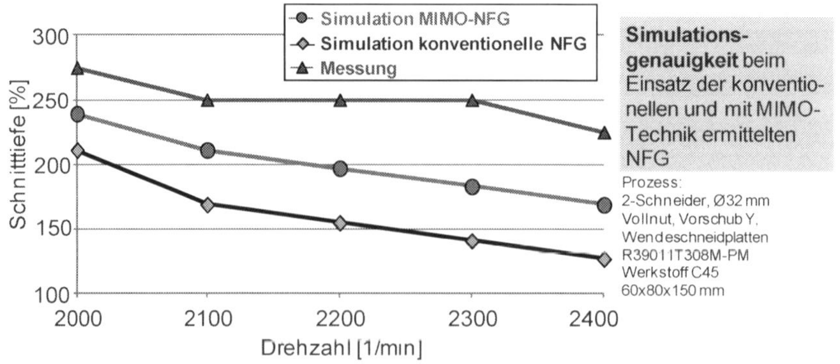

Bild 7-15: Einfluss von unterschiedlichen dynamischen Nachgiebigkeiten auf die Stabilitätsgrenze. VM2

Figure 7-15: Influence of various dynamic compliances on the stability limit. VM2

Wie dem Bild zu entnehmen ist, liegt die MIMO-Stabilitätsgrenze höher als die mit den konventionellen dynamischen Nachgiebigkeiten berechnete Grenze. Dies ist vorwiegend auf die niedrigere Resonanzamplitude bei 56 Hz zurückzuführen, da im instabilen Zustand nahe dieser Frequenz regenerative Ratterschwingungen festzustellen sind. Der größte Unterschied zwischen den erreichbaren Schnitttiefen für die konventionelle und MIMO-Stabilitätskarte beträgt bei 2300 1/min und 2400 1/min ca. 1,0 mm.

Die Durchführung weiterer Variationsrechnungen ist, wie bereits im Abschnitt 6.2.1 erläutert, im Bereich der maximal erreichbaren Produktivität zielführend. Fräsprozesse, die die höchste erreichbare Schnitttiefe im Bereich der maximalen zulässigen Schnittgeschwindigkeiten d.h. bei hohen Spindeldrehzahlen aufweisen, erreichen auch die größte Produktivität bei der maximalen Drehzahl (vgl. Bild 6-7). Im aktuellen Fall (Bild 7-14) muss die Produktivität der Maschine in jedem Knotenpunkt der Stabilitätskarte berechnet werden. Die Produktivität beim Einsatz eines Zweischneiders mit einem Durchmesser von 32 mm und bei einem Vorschub pro Zahn von 0,1 mm/U kann mit Hilfe der Gleichung (Gl. 6-2) für die simulativ ermittelte Stabilitätsgrenze berechnet werden (Tabelle 7-1).

Drehzahl [1/min]	2000	2100	2200	2300	2400
$\dot{V}$ [cm^3/min]	61,18	56,70	55,44	53,82	51,84

Tabelle 7-1: Berechnete Zeitspanungsvolumen bei der doppelspindligen Bearbeitung

Die größte Produktivität liegt somit bei der Drehzahl von 2000 1/min, weshalb hier eine Untersuchung der Prozessstabilität bei variierenden relativen Winkelstellungen zielführend ist.

7.4.3 Variationsrechnung mit verschiedenen Prozessparametern

Variational Calculation with Different Process Parameters

Nach der Ermittlung konventioneller ein- und doppelspindliger Stabilitätskarten wurde eine Variationsrechnung durchgeführt, um die optimalen doppelspindlerspezifischen Prozesseinstellungen zu bestimmen. Zunächst wurde die winkelversatzabhängige Stabilitätskarte bei der Spindeldrehzahl von 2000 1/min berechnet (Bild 7-16). Die simulativ ermittelte Stabilitätskarte zeigt, dass bei der Einstellung eines relativen Winkelversatzes im Bereich 75°-90° das Stabilitätsverhalten begünstigt wird. Die mit Hilfe der Bearbeitungstests ermittelte winkelversatzabhängige Stabilitätsgrenze stimmt mit der Simulation gut überein. Die Steigerung der simulativ ermittelten erreichbaren Schnitttiefe bei günstiger und ungünstiger Prozessparametrierung beträgt ca. 15%. Die praktisch ermittelten Werte weisen eine etwas größere Steigerung von ca. 24% auf. Der Unterschied zwischen Messung und Berechnung ist u.a. auf die begrenzte Genauigkeit der konventionellen Stabilitätskartenberechnung zurückzuführen. Qualitativ stimmen die simulativ und praktisch ermittelten Stabilitätsgrenzen überein, was eine sichere Identifizierung der günstigen Winkelversatzgrößen ermöglicht.

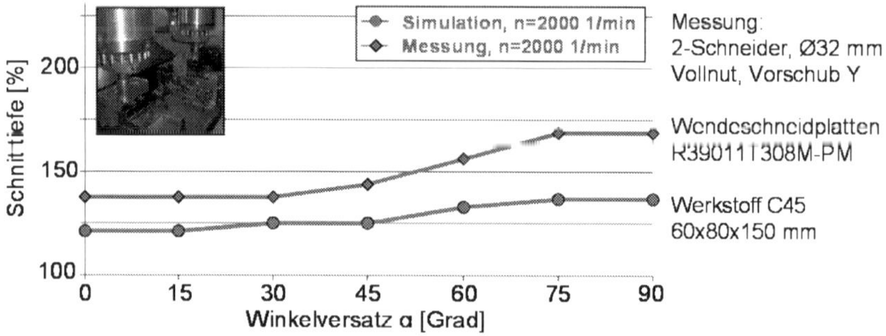

Bild 7-16: Winkelversatzabhängige Stabilitätskarte bei n=2000 1/min. VM2

Figure 7-16: Angular offset dependent stability diagram at n=2000 1/min. VM2

Weiterhin wurde das Verhalten von Prozessen mit ungleichen Spindeldrehzahlen simulativ untersucht. Bei der Untersuchung wurde die Drehzahl einer Spindel konstant auf 2000 1/min eingestellt, und die der anderen Spindel im Bereich von 2000 1/min bis 2400 1/min variiert. Die Schnitttiefe an den beiden Spindeln wurde dabei gleich vorgegeben. Die Simulationsergebnisse sind in Bild 7-17 dargestellt. Zu erkennen ist die Erhöhung der erreichbaren Schnitttiefe bei der Kombination der Drehzahlen 2000 - 2100 1/min im Vergleich zur Bearbeitung mit den gleichen Drehzahlen von 2100 1/min an beiden Spindeln.

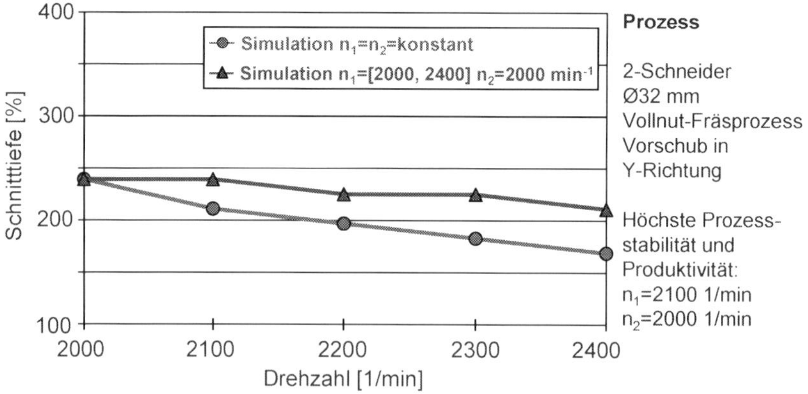

Bild 7-17: Stabilitätsgrenzen bei der Bearbeitung mit ungleichen Spindeldrehzahlen. VM2

Figure 7-17: Stability diagram of the parallel milling with unequal spindle speeds. VM2

Die Erhöhung der erreichbaren Schnitttiefe bringt eine Produktivitätssteigerung gegenüber dem Zeitspanvolumen bei der gleichen Drehzahl an beiden Spindeln von 2100 1/min von ca. 10,6% (Gl. 6-3). Im Vergleich zur erzielbaren Produktivitätssteigerung durch eine gezielte Einstellung der Spindeleingriffstaktung von ca. 15% ist die Erhöhung des Zeitspanvolumens durch die ungleichen Spindeldrehzahlen deutlich geringer.

Des Weiteren wurde eine Variationsrechnung bei unterschiedlichen Kombinationen von Werkzeugen in der Spindel 1 und 2 mit unterschiedlicher Schneidenzahl durchgeführt. Als Referenz dient die Stabilitätskarte beim Einsatz von Werkzeugen mit gleicher Anzahl der Schneiden. Die ermittelten Stabilitätsgrenzen zeigen, dass die Kombination eines Zweischneiders in der Spindel 1 und eines Ein- oder Dreischneiders in der Spindel 2 eine beachtliche Steigerung der erreichbaren Schnitttiefe ermöglichen (Bild 7-18). Der Einsatz eines Vierschneiders führt zur Reduzierung der erreichbaren Schnitttiefe.

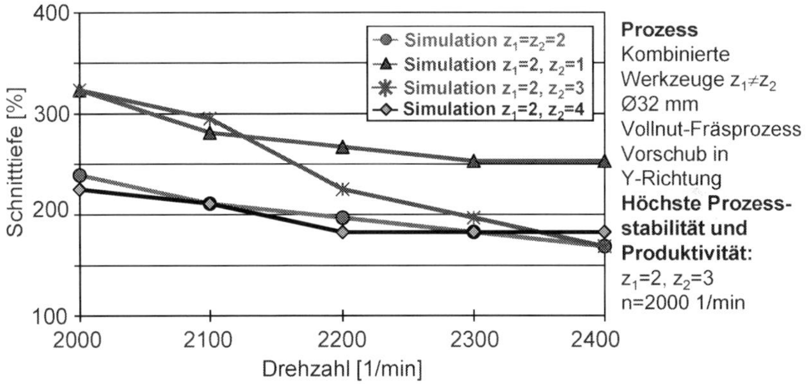

Bild 7-18: Stabilitätskarten bei der Bearbeitung mit Werkzeugen mit unterschiedlicher Schneidenzahl. Simulation für VM2

Figure 7-18: Stability diagram of the parallel milling using tools with different number of cutting edges. Simulation for VM2

Eine Aussage darüber, welche Werkzeugkombination die größte Produktivitätssteigerung zulässt, bedarf der Berechnung des Zeitspanungsvolumens für die jeweilige Kombination (Bild 7-19, vgl. (Gl. 6-2)).

Aus der Gegenüberstellung geht hervor, dass das größte umsetzbare Zeitspanungsvolumen beim gleichzeitigen Einsatz des Zwei- und Dreischneiders bei n=2000 1/min vorliegt. Die Produktivitätssteigerung gegenüber dem Prozess mit $z_1=z_2$ beträgt ca. 65%.

Die Ergebnisse der durchgeführten simulativen Untersuchungen des Einflusses verschiedener doppelspindlerspezifischer Prozesseinstellungen ermöglichen es, eine solche Kombination zu identifizieren, die im betrachteten Prozess die größte Produktivitätssteigerung ermöglicht. Eine Gegenüberstellung der erreichbaren Zeitspanvolumina, bezogen auf das erreichbare Zeitspanungsvolumen im doppelspindligen Fräsprozess mit $n_1=n_2$, $z_1=z_2$ und $\alpha=0°$, ist in Bild 7-20 dargestellt. Wie aus dem Vergleich hervorgeht, bietet der kombinierte Einsatz des Zwei- und Dreischneiders das größte Potenzial zur Steigerung der Produktivität des Doppelspindlers in diesem konkreten Prozess.

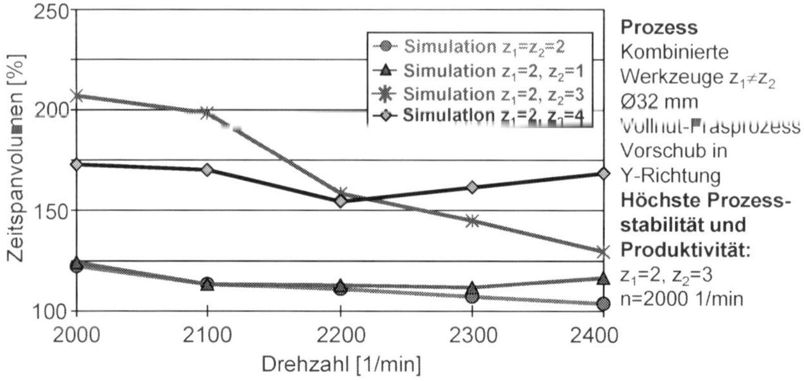

Bild 7-19: Zeitspanungsvolumen bei verschiedenen Kombinationen der Werkzeugen in der Spindel 1 und Spindel 2

Figure 7-19: Material removal rate for different tool combinations in the spindle 1 and 2

Dem aufgeführten Beispiel der rechnergestützten Auslegung eines doppelspindligen Fräsprozesses mittels des entwickelten Ansatzes zur Simulation des Stabilitätsverhaltens von Doppelspindlern ist zu entnehmen, dass das Prozedere der simulativen Stabilitätsanalyse nicht nur zu wissenschaftlichen Zwecken eingesetzt werden kann, sondern es eignet sich insbesondere für den industriellen Einsatz. Die für die Simulation notwendigen Eingangsparameter (zur Parametrierung des Maschinen- und des Prozessmodells) können mit Hilfe der in Kapiteln 4 und 5 beschriebenen Vorgehensweise ermittelt werden. Es ist weiterhin ersichtlich, dass der Einfluss verschiedener doppelspindlerspezifischer Prozessparameter sich nicht pauschal ermitteln lässt, sondern für die jeweilige Fertigungsaufgabe untersucht werden muss (vgl. Simulationsergebnisse im Kapitel 6).

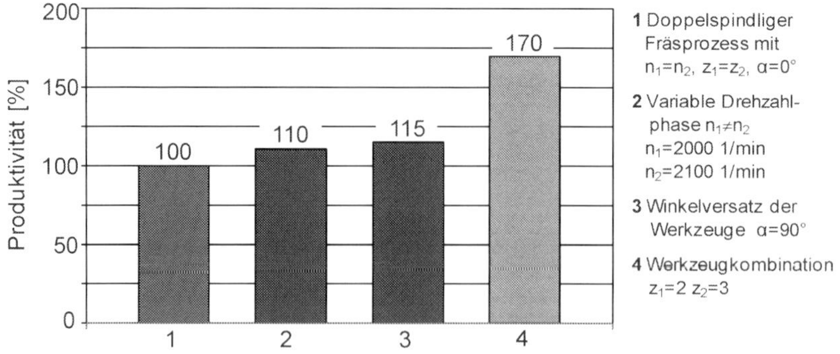

Bild 7-20: Vergleich der Produktivitätssteigerung bei verschiedenen Prozesseinstellungen

Figure 7-20: Comparison of productivity increase realized by different process parameters

Die Optimierung der prozessseitigen Parametrierung bei der doppelspindligen Fräsbearbeitung lässt die Zerspanungsproduktivität beachtlich erhöhen. Dennoch bleibt das Produktivitätsniveau bezogen auf eine Spindel unterhalb dessen der einspindligen Bearbeitung. Für eine weitere Steigerung der Prozessstabilität müssen gezielte strukturseitige konstruktive Maßnahmen (vgl. Abschnitt 7.3) zusätzlich zu den prozessseitigen Maßnahmen umgesetzt werden.

7.5 Praktische Empfehlungen zur Auslegung doppelspindliger Fräsprozesse

Practical Recommendations for the Development of Parallel Milling Processes

Die Vorbereitung und Parametrierung von doppelspindligen Fräsprozessen soll unter Berücksichtigung von zahlreichen prozess- und maschinenseitigen Einflüssen auf das Stabilitätsverhalten erfolgen. Dabei spielen die im Weiteren aufgeführten Gesichtspunkte der Prozessgestaltung vorwiegend für Doppelspindler mit den im Vergleich zu Direktnachgiebigkeiten ähnlich großen Übertragungsnachgiebigkeiten eine bedeutende Rolle.

Die Aufbereitung von Werkzeug- und Werkstückaufnahmen hat zu gewährleisten, dass die Prozessparameter (z.B. die Schnitttiefe und –breite) an den beiden Spindeln gleich gehalten werden können. Hierzu zählen die Aufstellhöhe und Aufstellposition von Werkstückhaltern und die effektive Werkzeuglänge. Die Einstellmöglichkeiten für die letztere werden durch den Typ der verwendeten Werkzeugaufnahme bestimmt. Werkzeugaufnahmen, die eine Einspannung von Werkzeugen in einer annähernd gleichen Ausrichtung (z.B. Schrumpf- und Spanzahngenfutter) oder Monoblockwerkzeuge mit einer integrierten Werkzeugschnittstelle (z.B. HSK, Capto®) sind zu bevorzugen. Der effektive Winkel zwischen den äquivalenten Schneiden der Werkzeuge in der 0°-Stellung der Spindeln muss nach jedem Schrumpfvorgang bzw. Einspannung der Werkzeuge ermittelt und ggf. im CNC-Programm korrigiert werden. Bei der Auslegung der Werkstückaufnahmen und deren Befestigung auf dem Maschinentisch soll eine möglichst symmetrische Position angestrebt werden, um die eventuell vorhandene arbeitsraumpositionsbedingten Unterschiede im dynamischen Nachgiebigkeitsverhalten an der Spindel 1 und 2 zu vermeiden. Die Prozessparametrierung soll unter Berücksichtigung des Einflusses der zeitlichen Relation beider Schnittprozesse auf die Prozessstabilität erfolgen. Die doppelspindlige Fräsbearbeitung mit einem zeitlich konstanten relativen Winkelversatz der äquivalenten Werkzeugschneiden α (bei gleicher und zeitlich konstanter Drehzahl von beiden Spindeln) soll im lagegeregelten Betrieb der Spindeln erfolgen. Wenn keine Ergebnisse der simulationsgestützten Prozessauslegung oder Online-Optimierung vorliegen, ist zumindest ein konstanter Wert der relativen Spindelpositionierung, z.B. α=0°, vorzugeben. Die Steuerungsparameter der beiden Regelkreise der Spindelrotationsachsen sollen identisch parametriert sein, um steuerungsbedingte Instabilitäten im lagegeregelten doppelspindligen Betrieb zu vermeiden. Die Berücksichtigung der genannten Punkte soll dazu beitragen, die Reproduzierbarkeit des Stabilitätsverhaltens von Doppelspindlern zu erhöhen und die Qualitätsschwankungen im Betrieb zu vermeiden.

8 Zusammenfassung und Ausblick

Summary and Outlook

In der vorliegenden Arbeit wurde ein ganzheitliches Modell der doppelspindligen Fräsbearbeitung entwickelt, welches eine Abbildung der Wechselwirkungen zwischen Maschine und Zerspanprozess ermöglicht. Das Modell besteht aus einem FE-basierten flexiblen Mehrkörpersimulationsmodell zur Berechnung des dynamischen Maschinenverhaltens sowie einem numerischen zeitdiskreten Simulationsmodell zur rechnergestützten Untersuchung des Stabilitätsverhaltens von Doppelspindlern im Betrieb. Zur Bestimmung von Eingangsgrößen für die numerische Stabilitätssimulation wurde eine Messstrategie zur realitätsgetreuen Ermittlung von dynamischen Maschinennachgiebigkeiten mittels des Verfahrens „Multiple Input Multiple Output" (MIMO) entwickelt. Das numerische Modell zur Stabilitätssimulation sowie das MIMO-Verfahren zur messtechnischen Ermittlung von dynamischen Maschinennachgiebigkeiten ermöglichen eine rechnergestützte Auslegung von doppelspindligen Fräsprozessen unter Berücksichtigung aller wesentlichen doppelspindlerspezifischen prozess- und maschinenseitigen Einflussgrößen.

Bei der vorliegenden Arbeit handelt es sich um ein Forschungsthema, welches in aktuellen nationalen und internationalen Forschungsarbeiten bisher trotz bedeutender industrieller Relevanz kaum beachtet wird. Der Schwerpunkt dieser Arbeit liegt in der Analyse des dynamischen Nachgiebigkeits- und Stabilitätsverhaltens von Doppelspindlern, weshalb im Stand der Technik zunächst die etablierten Ansätze zur Untersuchung von Einspindlern sowie deren Anwendbarkeit auf Doppelspindler analysiert wurden. Anschließend wurde auf existierende konventionelle Ansätze zur Modellierung von Wechselwirkungen zwischen Maschine und Zerspanprozess eingegangen, die u.a. zur rechnerunterstützten Prozessauslegung und prozessseitigen Stabilitätsoptimierung bei der Fräsbearbeitung eingesetzt werden. Weiterhin wurden bekannte Arbeiten zur Modellierung und Simulation von doppelspindligen Fräsprozessen diskutiert und deren Grenzen aufgezeigt. Dabei wurden aktuelle offene Fragestellungen bei der Modellierung von doppelspindligen Fräsprozessen identifiziert und die Anforderungen an die Untersuchung des dynamischen Nachgiebigkeits- und Stabilitätsverhalten von Doppelspindlern definiert. Abschließend wurden gängige Maßnahmen zur Optimierung des dynamischen Nachgiebigkeitsverhaltens von Einspindlern erläutert und deren Anwendbarkeit auf Doppelspindler diskutiert.

Die durchgeführte Recherche etablierter Ansätze zur Modellierung von doppelspindligen Fräsprozessen zeigt, dass keine dokumentierten Arbeiten zur realitätsgetreuen Ermittlung des strukturdynamischen Verhaltens von Doppelspindlern existieren. Da die Kenntnis des dynamischen Nachgiebigkeitsverhaltens der Maschinenstruktur für die korrekte simulative Abbildung von Wechselwirkungen zwischen Maschine und Prozess ausschlaggebend ist, wurde eine umfassende messtechnische Untersuchung des dynamischen Nachgiebigkeitsverhaltens von Doppelspindlern durchgeführt. Die Untersuchungen des dynamischen Maschinenverhaltens sind im vierten Kapitel beschrieben. Zunächst wurde das statische und dynamische Verhalten eines

Doppelspindlers mittels des konventionellen Ansatzes untersucht. Dabei wurde die Maschine nur an einer Spindel statisch und dynamisch belastet. Weiterhin wurde ein realitätsgetreues doppelspindliges Belastungsschema eingesetzt und die Messung des dynamischen Nachgiebigkeitsverhaltens im „MIMO"-Verfahren durchgeführt. Bei der Durchführung von konventionellen und MIMO-Nachgiebigkeitsfrequenzgangmessungen wurde eine stochastische Strukturanregung verwendet, weshalb die ermittelten dynamischen Nachgiebigkeiten allgemein gültig sind. Das Verhalten von Doppelspindlern unter zweifacher dynamischer Anregung mit definierter Phasenlage der Anregungskräfte ist für die Beschreibung der Maschinendynamik im Betrieb von großer Bedeutung. Dazu wurde die flexible Mehrkörpersimulation eingesetzt, die die Durchführung der Untersuchung unter den idealisierten Bedingungen und an der ideal linearen Maschinenstruktur ermöglichte. Die Simulationsergebnisse wurden anschließend an einem Doppelspindler verifiziert. Die Untersuchung zeigte, dass die effektive Ausprägung und Phase einzelner Resonanzstellen eines Doppelspindlers durch die Phasenlage der Anregungskräfte an der Spindel 1 und 2 bestimmt werden. Dieses lies vermuten, dass die zeitliche Relation der Schneideneingriffe während der Zerspanung einen wesentlichen Einfluss auf das Stabilitätsverhalten von Doppelspindlern ausübt.

Das numerische zeitdiskrete Simulationsmodell der doppelspindligen Fräsbearbeitung ist im Kapitel 5 dargestellt. Es wird auf Modelle des dynamischen Maschinen- und Prozessverhaltens eingegangen. Der numerische Algorithmus zur zeitbasierten Stabilitätssimulation sowie die Randbedingungen und Anwendbarkeitsgrenzen werden erläutert. Weiterhin wird die realitätsgetreue simulative Abbildung des dynamischen Nachgiebigkeitsverhaltens bei der zweifachen Anregung durch Prozesskräfte diskutiert. In Hinsicht auf weiterführende Untersuchungen werden die Möglichkeiten zur gekoppelten Stabilitätssimulation und die Übertragbarkeit des erarbeiteten Ansatzes auf drei- und mehrspindlige Prozesse erläutert.

Die im Kapitel 4 erarbeitete Strategie zur messtechnischen Untersuchung des dynamischen Verhaltens von Doppelspindlern und das im Kapitel 5 dargestellte numerische zeitdiskrete Stabilitätssimulationsmodell der doppelspindligen Fräsbearbeitung ermöglichen eine eingehende Untersuchung des Einflusses verschiedener Prozessparameter auf die Stabilität der doppelspindligen Fräsbearbeitung. Die Ergebnisse sind im Kapitel 6 dargestellt. Der relative Winkelversatz der Werkzeuge, die Kombination der unterschiedlichen Drehzahlen an der Spindel 1 und 2 sowie andere doppelspindlerspezifische Parameter wurden bezüglich deren Einfluss auf das Stabilitätsverhalten untersucht. Die Untersuchung zeigt, dass die zeitliche Relation beider Zerspanprozesse einen beachtlichen Einfluss auf die Prozessstabilität ausübt. Die Verifikation der Simulationsergebnisse zeigt eine gute Übereinstimmung zwischen der Messung und Simulation. Die Güte der quantitativen Übereinstimmung der berechneten und praktisch ermittelten Stabilitätsgrenzen für Prozesse mit ungleicher Schneideneingriffstaktung hängt von der Genauigkeit der Simulation des gleichgetakteten Prozesses ab, dem der konventionelle Algorithmus für die Stabilitätskartenberechnung zugrunde liegt. Bei diesem Algorithmus wurden Annahmen und Vereinfachungen getroffen, die seine Genauigkeit beschränken. Diese Annahmen sind im Kapitel 5 erläutert.

Im letzten Kapitel 7 wird das Gesamtsystem zur rechnerunterstützten Stabilitätsanalyse und Auslegung von doppelspindligen Fräsprozessen dargestellt. Das Gesamtsystem besteht aus dem numerischen Simulationsmodell zur Berechnung des Stabilitätsverhaltens, dem flexiblen Mehrkörpersimulationsmodell (MKS) zur Berechnung des dynamischen Verhaltens von Doppelspindlern sowie einem CNC-integrierten messtechnischen System zur Online-Prozessparametrierung. Zur Untersuchung des strukturseitigen Einflusses auf das Stabilitätsverhalten wurde ein Zusatzdämpfungssystem ausgelegt und im Doppelspindler eingesetzt. Die Ergebnisse der strukturseitigen Dämpfungserhöhung zeigen ein beachtliches Potenzial der konstruktiven Maßnahmen zur Erhöhung der Stabilität von Doppelspindlern. Das entwickelte MKS-Model bildet einen wesentlichen Bestandteil des Gesamtsystems zur Analyse von doppelspindligen Fräsprozessen und ermöglicht es, u.a. den Einfluss verschiedener konstruktiver Ausführungen von Maschinenkomponenten auf die Prozessstabilität abzuschätzen. Insbesondere eignet sich diese Vorgehensweise in der Entwicklungsphase einer Werkzeugmaschine. Im Gegensatz dazu ist die Umsetzung von konstruktiven Änderungen bei den bereits im Betrieb befindlichen Maschinen mit einem beachtlichen Aufwand verbunden. Auf Basis der im Kapitel 6 durchgeführten Untersuchung der prozessseitigen Einflussgrößen auf die Prozessstabilität wurde ein messtechnisches, steuerungsintegriertes HMI-basiertes System zur Online-Optimierung des Stabilitätsverhaltens von Doppelspindlern entwickelt. Mit Hilfe dieses Systems ist es möglich, innerhalb kurzer Zeit eine optimale Eingriffstaktung der Schneiden an den Spindeln 1 und 2 zu finden. Die Bestimmung der optimalen Eingriffstaktung erfolgt durch eine Analyse der spektralen Zusammensetzung von Schwingungssignalen sowie deren Amplitude im Zeitbereich. Für die Untersuchung sind praktische Bearbeitungstests an der realen Maschine notwendig. Der Einsatz dieses Systems ist insbesondere dann gerechtfertigt, wenn die Bestimmung der Eingangsgrößen für die Durchführung der rechnerunterstützten Prozessauslegung aus Zeit- oder Kapazitätsgründen nicht möglich ist. Weiterhin ist in diesem Kapitel ein Beispiel zur rechnerunterstützten Prozessauslegung beim doppelspindligen Fräsen auf einem Doppelspindler mittels des entwickelten Gesamtsystems zur Stabilitätsanalyse aufgeführt. Abschließend sind praktische Hinweise zur Gestaltung doppelspindliger Fräsprozesse aufgeführt.

Die zukünftigen Arbeiten auf diesem Gebiet sollten sich mit der Erweiterung des Modells auf mehrspindlige Prozesse beschäftigen, die in der Industrie immer häufiger Anwendung finden. Im Hinblick auf die Genauigkeit der Prozessmodellierung können neuartige Zerspanprozessmodelle eingesetzt werden, die z.B. den Einfluss der Prozessdämpfung und der Frequenzabhängigkeit von dynamischen Schnittkraftkoeffizienten berücksichtigen. Weiterhin könnte auf Basis der entwickelten Modelle ein aktives System zur Schwingungsbedämpfung an doppelspindligen Werkzeugmaschinen entwickelt werden. Dazu ist eine Konstruktion auf Basis des erprobten Hilfsmassendämpfers denkbar. Das aktive Dämpfungssystem könnte eine piezoelektrisch oder hydraulisch angetriebene Masse beinhalten, die die Grundplatte des aktiven Dämpfers nach dem umgekehrten seismischen Prinzip anregt und somit die Entwicklung von Spandickenmodulationen im Betrieb verhindert. Das entwickelte MKS-Modell kann hierbei eingesetzt werden, um die optimalen Regelungsparameter zu bestimmen. Ein weiterer Ansatz könnte die Entwicklung eines hybriden Moduls zur Maschinenüberwachung sein, das einerseits die Schwingungsparameter für das aktive Dämpfungssystem registriert und andererseits eine automatische Anpassung der Prozessparameter, z.B. der relativen Winkelstellung bzw. der Drehzahl an der jeweiligen Spindel, ausführt, um eine autonome Prozessstabilisierung zu realisieren und folglich zu einer besseren Produktivitätspotentialausschöpfung beitragen.

Summary and Outlook

In the present thesis a holistic model of parallel milling was developed, which enables a representation of interactions between the machine tool and the cutting process. The holistic model incorporates a FE-based flexible multi-body simulation model for the calculation of the dynamic machine behavior and a numerical time-discrete simulation model for the investigation of the stability behavior of parallel milling machines in operation. For the identification of input parameters for the numerical simulation a measurement strategy has been developed, which allows an ascertainment of the realistic dynamic machine compliance by means of the "Multiple Input Multiple Output" (MIMO) technique. The numerical model for the stability simulation together with the MIMO technique for the measurement of dynamic machine compliance enable a computer aided parameterization of parallel milling processes under consideration of all the relevant process and machine tool sided influencing factors, specific for parallel milling.

The present thesis treats the research topic, which has not been extensively studied in national and international research projects. For this reason the elaboration of the procedure for the holistic modeling and analysis of parallel milling was carried out by means of an evaluation of existing investigation approaches for conventional single spindle milling. The key aspect of this thesis lies in the analysis of the dynamic compliance and stability behavior of parallel milling machines. Therefore in the chapter "State of the Art" first of all the approaches for the investigation of single spindle machines as well as their applicability to parallel milling machines are analyzed. Further on the existing conventional approaches for modeling of process-machine interactions are studied, which are employed e.g. for the computer aided process parameterization and process-sided stability optimization in milling. Afterwards the known approaches for the modeling and simulation of parallel milling are discussed and their limitations are pointed out. Moreover the relevant, presently unsolved, problems in modeling of parallel milling processes were identified and the demands on the procedure of investigation of dynamic compliance and stability behavior of parallel milling machines are defined. Finally, established approaches for an optimization of dynamic compliance of single spindle machines and their applicability to parallel milling machines are discussed.

The conducted literature research of acknowledged approaches for the modeling of milling processes revealed that currently no documented studies on an identification of the realistic structural dynamical behavior of parallel milling machines exist. Since the knowledge of dynamic compliance behavior of machine structure is essential for the simulation of interactions between machine tool and cutting process, a comprehensive metrological investigation of dynamic compliance behavior of a parallel milling machine was carried out. The conducted investigations are described in the 4th chapter of the present thesis. At first, the static and dynamic behavior of a parallel milling machine was ascertained by means of a conventional approach. For that the machine tool was loaded by static and dynamic forces on one spindle only. After that a double spindle loading procedure was employed and the measurement of dynamic compliance behavior was carried out using the MIMO technique. The conventional and MIMO investigations were conducted using a stochastic actuation of the machine tool structure. Hence the universal validity of the measured compliance FRF. Afterwards the compliance behavior of the parallel milling machine was investigated under the double actuation on both spindles by means of two excitation forces with a defined phase shift. This behavior is of high importance to the estimation of machine dynamics in operation. For that the flexible multi-body simulation was employed, which enabled an investigation under idealized conditions on a perfectly linear machine structure. The simulation results were verified on a parallel milling machine. This analysis displayed a strong dependency of the effective amplitude and phase of the compliance FRF of a parallel milling machine from the phase shift of the excitation forces. According to the result it was to assume that the temporal relation of two cutting processes exerts a strong influence on the stability behavior of parallel milling machines in operation.

The numerical time discrete simulation model of the parallel milling is presented in the chapter 5. A detailed description of the models of dynamic machine behavior as well as of process behavior is provided. Further on the numerical algorithm of the time domain simulation is explained, as well as the adapted boundary conditions and the applicability limits. A realistic simulative representation of dynamic compliance behavior of the machine under parallel excitation by process forces is discussed. In the perspective of future research a possibility for the coupled simulation as well as the applicability of the developed simulation approach for the three- and multi-spindle milling are treated.

The elaborated strategy for metrological investigation of the dynamic behavior of parallel milling machines, described in the chapter 4, as well as the developed numerical time discrete model for the stability simulation of parallel milling processes, presented in the chapter 5, allow to carry out a comprehensive investigation of the influence different process parameters exert on the stability of parallel milling. The results of this study are presented in the chapter 6. Such process parameters as the relative angular position of milling tools, spindle speed combinations at the spindle 1 and 2, as well as other parameters, specific for parallel milling, were investigated regarding their influence on the process stability. The investigation shows that the temporal relation of the two cutting processes exerts a strong influence on the stability of parallel milling. The simulation results were subsequently verified by means of machining tests. The calculation and the measurement show a good agreement. The quality of the quantitative agreement between the simulated and practically identified stability charts for processes with a temporally shifted cutter engagements at the spindle 1 and 2 depends on the accuracy of the conventional process simulation with simultaneous cutter engagements. The latter ones are based on the conventional algorithm for the stability charts calculation. This algorithm is characterized by certain assumptions and simplifications, which limit its accuracy. These assumptions have been discussed in the chapter 5.

In the last 7th chapter the holistic system for the computer aided stability analysis and parameterization of parallel milling processes is presented. The complete system consists of the numerical simulation model for the calculation of the stability behavior, the flexible multi-body simulation (MBS) model for the calculation of the dynamic behavior of parallel milling machines as well as of the CNC-integrated metrological system for an online parameterization of parallel milling processes. The investigation of the influence of the machine tool structure on the stability behavior is carried out with help of the MBS-model. This model enables the development of an external damping system. An increase of the structural damping shows a considerable potential the design-engineering possess for an improvement of the stability behavior of parallel milling machines. The developed MBS-model builds an important part of the complete system for the stability analysis of parallel milling processes, for it allows to estimate the influence of various structural alterations on the process stability. Especially this approach is suitable for the design phase of a machine tool. On the contrary, an introduction of structural changes for the machine tools in operation requires a considerable effort and inquires high costs. For the optimal process parameterization on parallel milling machines in operation a metrological CNC-integrated system was developed that exploits the dependency of the stability behavior on the temporal relation of parallel milling processes, described in chapter 6. The system enables a prompt identification of the optimal temporal offset of cutter engagements on the spindle 1 and 2. The procedure for the identification is based upon an analysis of the spectral contents of vibration signals as well as their amplitudes in the time domain. For the investigation cutting tests on a real machine tool are necessary. The employment of this system is suitable especially in a case, if an identification of input parameters for the computer aided process parameterization is not possible due to time or availability reasons. Further on an example of the computer aided process parameterization for the parallel milling on a double spindle milling machine with help of the developed complete system for the stability analysis is presented. At the end of the seventh chapter some practical recommendations for the parameterization of parallel milling processes are provided.

Future investigations in this field shall deal with the problem of further elaboration of the developed models for multi-spindle milling processes, for these are being employed in industry more and more often. On the side of the accuracy of the milling process modeling, the most advance models shall be incorporated into the developed framework. For instance, models that take into account the influence of the process damping or the dependency of the dynamic cutting force coefficients on the vibration frequency shall contribute to an increase of the calculation accuracy. Further on, on the basis of the elaborated models an active damping system for parallel milling machines could be developed. Using the presented auxiliary damping system as an outset design, a further elaboration, e.g. with a piezoelectrically or hydraulically driven mass, is possible. The active system can be integrated into the machine tool structure, so that the controlled seismic mass actuates the basic plate of the auxiliary damper and with that hinders the development of the chip thickness modulation during milling. The MBS-model can be employed for the identification of the optimal control parameters for the active system. Some other future research fields could be a development of a hybrid module for the process monitoring, which on the one hand would supply the vibration characteristics to the active damping systems and on the other hand could have been used by the CNC integrated system for an optimal process parameterization, e.g ascertainment of the optimal relative angular offset of the milling tools or a combination of the spindle speeds. A realization of these approaches would enable autonomous process stabilization and, hence, contribute to a more effective utilization of the machining capacity.

9 Literaturverzeichnis

References

[Abel05] Abel, D., 2005, Automatic Control, Lecture Notes, 6th Edition, Druck und Verlagshaus MAINZ

[Alle80] Allemang, R., 1980, Investigation of Some Multiple Input/Output Frequency Response Function Experimental Modal Analysis Techniques, Dissertation, University of Cincinnati

[Alle87] Allemang, R., Brown, D., Rost, R., 1987, Experimental Modal Analysis and Dynamic Component Synthesis, Vol. II: Measurement Techniques for Experimental Modal Analysis, Report AFWAL-TR-87-3069, S. 29-40

[Alre03] Al-Regib, E., Ni, J., Lee, S.-H., 2003, Programming Spindle Speed Variation for Machine Tool Chatter Suppression, International Journal of Machine Tools and Manufacture, Volume 43, Number 12

[Alti92] Altintas, Y., Philip K. Chan, 1992, In-process detection and suppression of chatter in milling, International Journal of Machine Tools and Manufacture, Vol. 32, Issue 3, S. 329-347

[Alti95] Altintas, Y., Budak, E., 1995, Analytical Prediction of Stability Lobes in Milling, Annals of the CIRP Vol. 44/1, S. 357-362

[Alti00] Altintas, Y., 2000, Manufacturing Automation: Metal Cutting Mechanics, Machine Tool Vibrations and CNC Design, Cambridge University Press

[Alti04] Altintas, Y., Weck, M., 2004, Chatter Stability in Metal Cutting and Grinding, Annals of the CIRP Vol. 53/2, S. 619-642

[Alti05] Altintas, Y., Brecher, C., Weck, M., Witt, S., 2005, Virtual Machine Tool, Annals of the CIRP Vol. 54/2, S. 651-674

[Alti08] Altintas, Y., Eynian, M., Onozuka, H., 2008, Identification of Dynamic Cutting Force Coefficients and Chatter Stability with Process Damping, Annals of the CIRP Vol. 57/1, S. 371-374

[Ange07] Angermann, A., Beuschel, M., Rau, M., Wohlfarth, U., 2007, Matlab-Simulink-Stateflow. Grundlagen, Toolboxen, Beispiele. Oldenburg Verlag München Wien

[Baud03] Baudisch, T., 2003, Simulationsumgebung zur Auslegung der Bewegungsdynamik des mechatronischen Systems Werkzeugmaschine, Dissertation, TU München

[Beer94] Beer, C., 1994, CAD/CAP unterstützte Generierung ratterfreier NC-Programme für das Schaftfräsen, Dissertation, RWTH Aachen University

[Bern69] Bernardi, F., 1969, Untersuchung und Berechnung des Ratterverhaltens von Dreh- und Fräsmaschinen, Dissertation, RWTH Aachen University

[Boet91] Böttinger, A., 1991, Regelungstechnik, 2. Auflage, Oldenbourg Verlag

[Brec02] Brecher, C., 2002, Vergleichende Analyse von Vorschubantrieben für Werkzeugmaschinen, Dissertation RWTH Aachen University

[Brec06] Brecher, C., Witt, S., 2006, Simulation of Machine Process Interaction with Flexible Multi-Body Simulation, Proc. of the 9th CIRP Int. Workshop on Modeling of Machining Operations, Bled, Slovenia, S. 171-178

[Brec08] Brecher, C., 2008, Schließen der Simulationskette "Prozess – Maschine – Steuerung", Proceedings of Aachener Werkzeugmaschinen Kolloquium, Aachen, Germany, S. 276-279

[Brec09] Brecher, C., Esser, M., Witt, S., 2009, Interaction of Manufacturing Process and machine Tool, Key Note Paper, Annals of CIRP, Vol. 58/2

[Brec10a] Brecher, C., Klein, W., Trofimov, Y., 2010, Modellierung der doppelspindligen Fräsbearbeitung, ZWF 07/08, S. 2-7

[Brec10b] Brecher, C., Klein, W., Trofimov, Y., 2010, Dynamisches Verhalten von doppelspindligen Fräsmaschinen, VDI-Z 07/08, S. 20-23

[Brec10c] Brecher, C., Trofimov, Y., Klein, W., 2010, Modelling and Simulation of Parallel Milling, Proceedings of the 8th International Conference on High Speed Machining, December 8th-10th, Metz, France

[Brec10d] Brecher, C., Manoharan, D., Ladra, U., 2009, Chatter suppression with an active workpiece holder. Prod. Eng. Res. Devel., 4, S. 239-245

[Brec11a] Brecher, C., Trofimov, Y., 2011, The Influence of Process Machine Interactions on the Stability of Parallel Milling, Advance Materials Research, Vol. 223, S. 642-651

[Brec11b] Brecher, C., Trofimov, Y., Baeumler, S., 2011, Holistic modelling of machine process interactions in parallel milling, CIRP Annals - Manufacturing Technology Vol. 60/1, S. 387-390

[Brec11c] Brecher, C., Trofimov, Y., Bäumler, S., 2011, Produktivitätserhöhung beim zweispindligen Fräsen, wt Werkstattstechnik online, Jahrgang 101, H.5, S. 293-297

[Brec11d] Brecher, C., Hermes, R., Sitte, B., Klein, W., 2011, Regeneratives Rattern im Blickpunkt, wt Online, Jahrgang 101, H. 1/2

[Brit08] Britz, R., Ulbrich, H., 2008, Lathe: Modeling and Coupling of Process and Structure, Proc. of the 1st Int. Conf. on PMI, Hannover, Germany, S. 231-238

[Buda96] Budak, E., Altintas, Y., Armarego, E., 1996, Prediction of Milling Force Coefficients from Orthogonal Cutting Data, Transactions of ASME, Journal of Manufacturing Science and Engineering Vol. 118/2, S. 216-224

[Buda06a] Budak, E., 2006, Analytical Models for High Performance Milling. Part I: Cutting forces, Structural Deformations and Tolerance Integrity, Int. Journal of Machine Tools and Manufacture Vol. 46, S. 1478-1488

[Buda06b] Budak, E., 2006, Analytical Models for High Performance Milling. Part II: Process Dynamics and Stability, Int. Journal of Machine Tools and Manufacture Vol. 46, S. 1489-1499

[Carl97] Carland, C., 1997, 2 Spindle are Better than 1. Cutting Tool Engineering, Vol. 49/2

[Dacu07] D'Acunto, A., Al-Ahmad, M., Lescalier, C., Bomont, O., 2007, Cutting Force Prediction of Vertical Milling Operation Using Different Configurations of Cutter Immersion – Modeling and Experimentation, Proc. of the CIRP 10th Int. Workshop on Modelling of Machining Operations, Calabria, Italy, S. 165-171

[Dane52] Danek, O., Polacek, W., Süacek, W., Tlusty, J., 1952, Selbsterregte Schwingungen im Werkzeugmaschinenbau, Berlin, VEB-Verlag

[Degn02] Degner, W., Lutze, H., Smejkal, E., 2002, Spanende Formung, Theorie, Berechnung, Richtwerte, Hanser Verlag, 15. Auflage

[Esse10] Esser, M., 2010, Stabilitätssimulation für das HPC-Fräsen, Dissertation, RWTH Aachen University

[Ewin00] Ewins, D.J., 2000, Modal testing. Theory, practice and application. SRP Ltd., Exeter

[Feng04] Feng, H., Azeem, A., Wang, L., 2004, Simplified and Efficient Calibration of a Mechanistic Cutting Force Model for Ball-End Milling, Machine Tools and Manufacture Vol. 44, S. 217-268

[Fort06] Fortunato, A., Mantega, C., Donati, L., Tani, G., 2006, Milling Force Prediction by Means of Analytical Model and 3D FEM Simulations, Proc. of the 9th CIRP Int. Workshop on Modelling of Machining Operations, Bled, Slovenia, S. 211-213

[Grot07] Grote, K.-H., Feldhusen, J., 2007, Taschenbuch für den Maschinenbau, 22. Auflage. Springer Verlag

[Hann08] Hannig, S., 2008, Analyse, Modellierung und Simulation des dynamischen Verhaltens beim spitzenlosen Einstechschleifen, Dissertation, RWTH Aachen University

[Horl84] Horlufsen, H., 1984, Dual Channel FFT Analysis (Part 1& 2). Technical Review N.1, Brül&Kjær

[Heyl07] Heylen, W., Lammens, S., Sas, P., 2007, Modal Analysis Theory and Testing, KU Leuven, ISBN 90-7380261-X

[Hoff08] Hoffmann, F., 2008, Optimierung der dynamischen Bahngenauigkeit von Werkzeugmaschinen mit der Mehrkörpersimulation, Dissertation, RWTH Aachen University

[Hopp03] Hoppe, S., 2003, Experimental and Numerical Analysis of Chip Formation in Metal Cutting, Dissertation, RWTH Aachen University

[Höve08] Hövel, S., 2008, Finite Elemente Simulation von Zerspanvorgängen mit geometrisch bestimmter Schneide, Dissertation, TU Kaiserslautern University

[Kais07] Keiser, R., 2007, Kompensation von statischen und dynamischen Verlagerungen im Fräsprozess, Dissertation, RWTH Aachen University

[Kalv05] Kalveram, M., 2005, Analyse und Vorhersage der Prozessdynamik und der Prozessstabilität beim Hochgeschwindigkeitsfräsen, Dissertation, TU Dortmund University

[Kien52] Kienzle, O., 1952, Die Bestimmung von Kräften und Leistungen an spanenden Werkzeugen und Werkzeugmaschinen, VDI Z Vol. 94 11/12, S. 299-305

[Kloc97] Klocke, F., Eisenblätter, G., 1997, Dry Cutting, Annals of the CIRP Vol. 46/2, S. 519-526

[Kloc08] Klocke, F., König, W., 2008, Fertigungsverfahren Band 1. Drehen, Fräsen, Bohren. Auflage 8. Springer-Verlag

[Mano12] Manoharan, D., 2012, Aktive Systeme zur Leistungssteigerung von Fräsprozessen, Dissertation, RWTH Aachen University

[Mars05] Marsolek, J., Fleischer, J., Schmidt, C., Schermann, T., 2005, Simulation von Zerspanprozessen mit Abaqus, Tagungsband ABAQUS Benutzerkonferenz, Nürnberg

[Meid08] Meidlinger, R., 2008, Einfluss der Aufstellung auf das dynamische Verhalten von Werkzeugmaschinen, Dissertation, RWTH Aachen University

[Merc44] Merchant, E., 1944, Mechanics of the Metal Cutting Process. II. Plasticity Conditions in Orthogonal Cutting, Journal of Applied Physics

[Mori10] Mori, T., Hiramatsu, T., Shamoto, E., 2010, Suppression of forced chatted vibration in simultaneous double-sided milling of flexible plates. Proceedings of 2nd International CIRP Process Machine Interactions (PMI) Conference, Vancouver, Canada

[Möhr06] Möhring, W., Fischer, R., Melchinger, A., 2006, Simulation großer Verfahrwege in der FEM, Abschlussbericht des BMBF-Verbundforschungsprojekts SimCAT, S. 47-50

[Nebe99] Nebeling, P. H., 1999, Abgleich der dynamischen Eigenschaften numerischer Modelle mit realen mechanischen Strukturen, Dissertation, RWTH Aachen University

[Olga05] Olgac, N., Sipahi, R., 2005, A Unique Methodology for Chatter Stability Mapping in Simultaneous Machining. Journal Manufacturing Science and Engineering, 11/2005, Vol. 127. S. 1-10

[Otto11] Otto, A., Kehl, G., Mayer, M., Radons, G., 2011, Stability Analysis of Machining with Spindle Speed Variation, Advanced Materials Research Vol. 223, S. 600-609

[Ozlu07] Ozlu, E., Budak, E., Molinari, A., 2007, Thermomechanical Modeling of Orthogonal Cutting Including the Effect of Stick-Slide Regions on the Rake Face, Proc. of the CIRP 10th Int. Workshop on Modelling of Machining Operations, Calabria, Italy, S. 59-66

[Oztu05] Ozturk, E., Budak, E., 2005, Modelling of 5-Axis Milling Forces, Proc. of the 8th CIRP Int. Workshop on Modelling of Machining Operations, Chemnitz, Germany, S. 319-326

[Oztu07] Ozturk, E., Ozlu, E., Budak, E., 2007, Modeling Dynamics and Stability of 5-axis Milling Processes, Proc. of the 10th CIRP Int. Workshop on Modeling of Machining Operations, Calabria, Italy, S. 469-476

[Oztu10] Ozturk, E., Budak, E., 2010, Modelling Dynamics of Parallel Milling Process in Time-Domain, Proceedings of 2nd International CIRP Process Machine Interactions (PMI) Conference, Vancouver, Canada

[Pfei70] Pfeifer, T., 1970, Berührungsloser elektromagnetischer Schwingungserreger für dynamische Untersuchungen an Werkzeugmaschinen, Dissertation, RWTH Aachen University

[Phys98] N.N., 1998, Piezo-Guide, Teil 1 und 2, Handbücher für Piezostelltechnik, Kataloge PZ 36, 37, Physik Instrumente, Waldborn

[Pien06] Piendl, S., Aurich, J., 2006, FEM Simulation of Chip Formation Coupled with Process Dynamics, Journal of Manufacture and Engineering, Vol. 220, S. 1597-1604

[Piez10] N.N., 2010, Einstieg in die Piezoaktorik. Firmenschrift der Piezomechanik Dr. Lutz Pickelmann GmbH

[Quei05] Queins, M., 2005, Simulation des dynamischen Verhaltens von Werkzeugmaschinen mit Hilfe flexibler Mehrkörpermodelle, Dissertation, RWTH Aachen University

[Rehl65] Rehling, E., 1965, Entwicklungs und Anwendung elektrohydraulischer Wechselkrafterreger zur Untersuchung von Werkzeugmaschinen, Dissertation, RWTH Aachen University

[Rivi07] Rivière-Lorphèvre, E., de Arizon, J., Filippi, E., Dehombreux, P., 2007, Cutting Forces Parameters Evaluation in Milling Using Genetic Algorithm, Proc. of the CIRP 10th Int. Workshop on Modelling of Machining Operations, Calabria, Italy, S. 237-243

[Sche06] Schermann, T., Marsolek, J., Schmidt, C., Fleischer, J., 2006, Aspects of the Simulation of a Cutting Process with ABAQUS/Explicit Including the Interaction between the Cutting Process and the Dynamic Behaviour of the Machine Tool, Proc. of the 9th CIRP Int. Workshop on Modeling of Machining Operations, Bled, Slovenia, S. 163-170

[Schn00] Schneider, C., 2000, Strukturmechanische Berechnung in der Werkzeugmaschinenkonstruktion, Dissertation, TU München University

[Schu06] Schulz, A., Queins, M., Hannig, S., 2006, Patent der Bundesrepublik Deutschland Nr. DE102006001757B3

[Schu09] Schulz, A., 2009, Elektrohydraulisches aktives Dämpfungssystem für Werkzeugmaschinenstrukturen, Dissertation, RWTH Aachen University

[Schw99] Schwertassek, R., Wallrapp, O., 1999, Dynamik flexibler Mehrkörpersysteme, Vieweg Verlag

[Segu10] Seguy, S., Dessein, G., Arnaud, L., Insperger, T., 2010, Control of Chatter by Spindle Speed Variation in High Speed Milling, Advanced Materials Research, Vol. 112, S. 179-186

[Segu11] Seguy, S., Insperger, T., Arnaud, L., Dessein, G., Peigne, G., 2011, Machining Science and Technology 15, S. 153-171

[Sham10] Shamoto, E., Mori, T., Nishimura, K., Hiramatsu, T., Kurata, Y., 2010, Suppression of Regenerative Chatter Vibration in Simultaneous Double-Sided Milling of Flexible Plates by Speed Difference, CIRP Annals, Vol. 59/1, S. 387-390

[Spur88] Spur, G., Benziger, K., Schüle, A., 1988, Simulation des dynamischen Verhaltens von Werkzeugmaschinen, ZWF Nr. 6, S. 279-284

[Stof72] Stöferle, T., Grab, H., 1972, Vermeiden von Ratterschwingungen durch periodische Drehzahländerung, Werkstatt und Betrieb 105, S. 727-730

[Step00] Stépán, G., Insperger, T., 2000, Stability of the milling process, Periodica Polytechnica Ser. Mech. Eng. Vol. 44, S. 47-57

[Step03] Stépán, G., Szalai, R., Insperger, T., 2003, Nonlinear Dynamics of High-Speed Milling Subjected to Regenerative Effect, Nonlinear Dynamics of Production Systems, WILEY-VCH, S. 111-128

[Surm06] Surmann, T., 2006, Geometric Model of the Surface Structure Resulting from the Dynamic Milling Process, Proc. of the 9th CIRP Int. Conf. on Modeling of Machining Operations, Bled, Slovenia, S. 187-192

[Surm07] Surmann, T., Enk, D., 2007, Simulation of Milling Tool Vibration Trajectories Along Changing Engagement Conditions, Int. Journal of Machine Tools and Manufacture Vol. 47, S. 1442-1448

[Surm08] Surmann, T., Biermann, D., Kehl, G., 2008, Oscillator Model of Machine Tools for the Simulation of Self Excited Vibrations in Machining Processes, Proc. of the 1st Int. Conf. on PMI, Hannover, Germany, S. 23-29

[Töns02] Tönshoff, H., Rehling, S., Tracht, K., 2002, An Alternative Approach to Elasto-Kinematic Modelling of Machine Tool Structures, Proc. of Sixth Int. Conf. on Advanced Manufacturing Systems and Technology (AMST'02), Udine, Italy, S. 215-223

[Tunc06] Tunc, L., Budak, E., Ozturk, E., 2006, Optimization of 5-Axis Milling Processes Using Process Models, Proc. of the 9th CIRP Int. Workshop on Modeling of Machining Operations, Bled, Slovenia, S. 179-186

[Unbe93] Unbehauen, H., 1993, Regelungstechnik II – Zustandsregelung, digitale und nichtlineare Regelsysteme, 6. Auflage, Vieweg Verlag

[Virg00] Virgin, L.V., 2000, Introduction to Experimental Nonlinear Dynamics – a Case Study of Mechanical Vibration, Cambrige University Press

[Vold85] Vold, H., Crowley, J., Rocklin, G., 1985, A Comparison of H_1, H_2, H_v Frequency Response Functions, Proceedings of the 3rd IMAC, S. 272-278

[Weck71] Weck, M., 1971, Dynamisches Verhalten spanender Werkzeugmaschinen, Dissertation, RWTH Aachen University

[Weck01] Weck, M., Krell, M., Doege, E., Derenthal, M., Grossmann, K., Wiemer, H., 2001, Schnittschlagdämpfung von Schnellläuferpressen, wt Werkstatttechnik 91 Heft 9, Springer Verlag

[Weck03] Weck, M., Schulz, A., 2003, Adaptiver Reibungsdämpfer, wt Werkstatttechnik 93, Heft 7/8, Springer Verlag

[Weck06a] Weck, M., Brecher, C., 2006, Werkzeugmaschinen Fertigungssysteme Vol. 2, Konstruktion und Berechnung, Springer-VDI-Verlag, Berlin, 8. Auflage

[Weck06b] Weck, M., Brecher, C., 2006, Werkzeugmaschinen Fertigungssysteme Vol. 5, Messtechnische Untersuchung und Beurteilung, dynamische Stabilität, Springer-VDI-Verlag, Berlin, 7. Auflage

[Wein05] Weinert, K., Gradisek, J., Kalveram, M., 2005, On Stability Prediction for Milling, Int. Journal of Machine Tools and Manufacture, Vol. 45, S. 769 – 781

[Witt07] Witt, S., 2007, Integrierte Simulation von Maschine, Werkstück und spanendem Fertigungsprozess, Dissertation, RWTH Aachen University

[Zave84] Zaveri, K., 1984, Modal Analysis of Large Structures – Multiple Exciter Systems, Bruel und Kjaer Publications

[Zäh93] Zäh, M., 1993, Dynamisches Prozessmodell Kreissägen, Dissertation, TU München University

[Zäh05a] Zäh, M., Schwarz, F., 2005, Struktur- und Regelungsdynamik der virtuellen Werkzeugmaschine, iwb Newsletter Vol. 1/13, S. 1-3

[Zäh05b] Zäh, M., Siedl, D., 2005, Mehrkörpersimulation - Schlüsseltechnologie für große Verfahrbewegungen, iwb Newsletter Vol. 1/13, S. 3-5

[Zäh06] Zäh, F., Schwarz, F., 2006, Prognose von Prozess-Struktur-Wechselwirkungen bei Werkzeugmaschinen, iwb Newsletter 3/14, S. 1-3

[Zhan09] Zhang, H. H., Jackson, M. J., Ni, J., 2009, Spindle Speed Variation Method for Regenerative Machining Chatter Control, International Journal of Nanomanufacturing, Volume 3, Numbers 1-2, S. 73-99

FSC
www.fsc.org
MIX
Papier | Fördert
gute Waldnutzung
FSC® C083411

Kolibri 360 GmbH
Ferdinand-Jühlke-Straße 7
99095 Erfurt, Deutschland
produktsicherheit@kolibri360.de